10	11	12	13	14	15	16	17	18
								4.002602 **2** **He** $1s^2$ ヘリウム
			10.811 3 **5** **B** $[He]2s^22p^1$ ホウ素	12.0107 $2,\pm 4$ **6** **C** $[He]2s^22p^2$ 炭素	14.0067 $2,\pm 3, 7$ 4,5 **N** $[He]2s^22p^3$ 窒素	15.9994 -2 **8** **O** $[He]2s^22p^4$ 酸素	18.9984032 -1 **9** **F** $[He]2s^22p^5$ フッ素	20.1797 **10** **Ne** $[He]2s^22p^6$ ネオン
			26.981538 3 **13** **Al** $[Ne]3s^23p^1$ アルミニュウム	28.0855 4 **14** **Si** $[Ne]3s^23p^2$ ケイ素	30.973761 $\pm 3, 15$ 4,5 **P** $[Ne]3s^23p^3$ リン	32.065 $\pm 2, 16$ 4,6 **S** $[Ne]3s^23p^4$ 硫黄	35.453 $\pm 1, 17$ 3,5,7 **Cl** $[Ne]3s^23p^5$ 塩素	39.948 **18** **Ar** $[Ne]3s^23p^6$ アルゴン
58.6934 2,3 **28** **Ni** $[Ar]3d^84s^2$ ニッケル	63.546 1,2 **29** **Cu** $[Ar]3d^{10}4s^1$ 銅	65.409 2 **30** **Zn** $[Ar]3d^{10}4s^2$ 亜鉛	69.723 3 **31** **Ga** $[Ar]3d^{10}$ $4s^24p^1$ ガリウム	72.64 4 **32** **Ge** $[Ar]3d^{10}$ $4s^24p^2$ ゲルマニウム	74.92160 $\pm 3, 33$ 5 **As** $[Ar]3d^{10}$ $4s^24p^3$ ヒ素	78.96 -2, **34** 4,6 **Se** $[Ar]3d^{10}$ $4s^24p^4$ セレン	79.904 $\pm 1, 5$ **35** **Br** $[Ar]3d^{10}$ $4s^24p^5$ 臭素	83.798 **36** **Kr** $[Ar]3d^{10}$ $4s^24p^6$ クリプトン
106.42 2,4 **46** **Pd** $[Kr]4d^{10}$ パラジウム	107.8682 1 **47** **Ag** $[Kr]4d^{10}$ $5s^1$ 銀	112.411 2 **48** **Cd** $[Kr]4d^{10}$ $5s^2$ カドミウム	114.818 3 **49** **In** $[Kr]4d^{10}$ $5s^25p^1$ インジウム	118.710 2,4 **50** **Sn** $[Kr]4d^{10}$ $5s^25p^2$ スズ	121.760 $\pm 3, 51$ 5 **Sb** $[Kr]4d^{10}$ $5s^25p^3$ アンチモン	127.60 -2, **52** 4,6 **Te** $[Kr]4d^{10}$ $5s^25p^4$ テルル	126.90447 ± 1 **53** 5,7 **I** $[Kr]4d^{10}$ $5s^25p^5$ ヨウ素	131.293 **54** **Xe** $[Kr]4d^{10}$ $5s^25p^6$ キセノン
195.078 2,4 **78** **Pt** $[Xe]4f^{14}$ $5d^96s^1$ 白金	196.96655 1,3 **79** **Au** $[Xe]4f^{14}$ $5d^{10}6s^1$ 金	200.59 1,2 **80** **Hg** $[Xe]4f^{14}$ $5d^{10}6s^2$ 水銀	204.3833 1,3 **81** **Tl** $[Xe]4f^{14}$ $5d^{10}6s^26p^1$ タリウム	207.2 2,4 **82** **Pb** $[Xe]4f^{14}$ $5d^{10}6s^26p^2$ 鉛	208.98038 3,5 **83** **Bi** $[Xe]4f^{14}$ $5d^{10}6s^26p^3$ ビスマス	(208.982) 2,4 **84** **Po** $[Xe]4f^{14}$ $5d^{10}6s^26p^4$ ポロニウム	(209.987) $\pm 1,$ **85** 3,5,7 **At** $[Xe]4f^{14}$ $5d^{10}6s^26p^5$ アスタチン	(222.018) **86** **Rn** $[Xe]4f^{14}$ $5d^{10}6s^26p^6$ ラドン
(269) **110** **Ds** ダームスタチウム	(272) **111** **Rg** レントゲニウム	(277) **112** **Uub** ウンウンビウム*	(289) **113** **Uut** ウンウントリウム*	(289) **114** **Uuq** ウンウンクワジウム*	(292) **115** **Uup** ウンウンペンチウム*	**116** **Uuh** ウンウンヘキシウム*	*暫定的な元素名	

151.964 2,3 **63** **Eu** $[Xe]4f^76s^2$ ユウロピウム	157.25 3 **64** **Gd** $[Xe]4f^7$ $5d^16s^2$ ガドリニウム	158.92534 3,4 **65** **Tb** $[Xe]4f^96s^2$ テルビウム	162.500 3 **66** **Dy** $[Xe]4f^{10}6s^2$ ジスプロシウム	164.93032 3 **67** **Ho** $[Xe]4f^{11}6s^2$ ホルミウム	167.259 3 **68** **Er** $[Xe]4f^{12}6s^2$ エルビウム	168.93421 2,3 **69** **Tm** $[Xe]4f^{13}6s^2$ ツリウム	173.04 2,3 **70** **Yb** $[Xe]4f^{14}6s^2$ イッテルビウム	174.967 3 **71** **Lu** $[Xe]4f^{14}5d^1$ $6s^2$ ルテチウム
(243.061) 3, **95** 4,5,6 **Am** $[Rn]5f^77s^2$ アメリシウム	(247.070) 3 **96** **Cm** $[Rn]5f^7$ $6d^17s^2$ キュリウム	(247.070) 3,4 **97** **Bk** $[Rn]5f^97s^2$ バークリウム	(251.080) 3 **98** **Cf** $[Rn]5f^{10}7s^2$ カリホルニウム	(252.083) 3 **99** **Es** $[Rn]5f^{11}7s^2$ アインスタイニウム	(257.095) 3 **100** **Fm** $[Rn]5f^{12}7s^2$ フェルミウム	(258.10) 2,3 **101** **Md** $[Rn]5f^{13}7s^2$ メンデレビウム	(259.101) 2,3 **102** **No** $[Rn]5f^{14}7s^2$ ノーベリウム	(262.11) 3 **103** **Lr** $[Rn]5f^{14}$ $6d^17s^2$ ローレンシウム

化学新シリーズ

編集委員会：右田俊彦・一國雅巳・井上祥平
岩澤康裕・大橋裕二・杉森　彰・渡辺　啓

パソコンで考える
量子化学の基礎

埼玉大学名誉教授　　　　鹿児島大学名誉教授
　　工 学 博 士　　　　　　　　工 学 博 士
時 田 澄 男　　**染 川 賢 一**
共　著

東京 **裳 華 房** 発行

INTRODUCTION TO QUANTUM CHEMISTRY THROUGH PERSONAL COMPUTER

by

SUMIO TOKITA, DR. ENG.
KEN-ICHI SOMEKAWA, DR. ENG.

SHOKABO

TOKYO

本書に登場する会社名，製品名などは，一般に各社の商標または登録商標です．

「化学新シリーズ」刊行趣旨

　科学および科学技術の急速な進歩に伴い，あらゆる分野での活動に，物質に対する認識の重要性がますます高まってきています．特にこれまで，化学との関わりあいが比較的希薄とされてきた電気・電子工学といった分野においても，その重要性は高まりをみせ，また日常生活においても，さまざまな新素材の登場が，生涯教育としての化学の必要性を無視できないものにしています．
　一方，教育界では高校におけるカリキュラムの改訂と，大学における「教養課程」の見直しが行われつつあり，学生と学習内容の多様化が進んでいます．
　これらの情勢を踏まえ，本シリーズは，非化学系をも含む理科系（理・工・農・薬）の大学・高専の学生を対象とした２単位相当の基礎的な教科書・参考書，ならびに化学系の学生，あるいは科学技術の分野で活躍されている若い技術者を対象とした専門基礎教育・応用のための教科書・参考書として編纂されたものです．
　広大な化学の分野において重要と考えられる主題を選び，読者の立場に立ってできるだけ平易に，懇切に，しかも厳密さを失わないように解説しました．特に次の点に配慮したことが本シリーズの特徴です．

1) 記述内容はできるだけ精選し，網羅的ではなく，本質的で重要なものに限定し，それを十分理解させるように努めた．
2) 基礎的概念を十分理解させるために，概念の応用，知識の整理に役立つように演習問題を章末に設け，巻末にその略解をつけた．
3) 読者が学習しようとする分野によって自由に選択できるように，各巻ごとに独立して理解し得るように編纂した．
4) 多様な読者の要求に応えられるよう，同じ主題を取り上げても扱い方・程度の異なるものを複数提供できるようにした．また将来への発展の基

礎として最前線の話題をも積極的に扱い，基礎から応用まで，必要と興味に応じて選択できるようにした．

1995年11月

編集委員会

はじめに

　化学教育におけるコンピューターの重要性は，日に日に増大している．大学のカリキュラムでも，これに関連する科目が増えている．このような情勢を反映して，コンピューターの使い方を示す書籍が数多く出版されている．しかし，その大部分は研究者向けの特定のソフトウェアの使用法の解説であり，初学者にとっては少々敷居の高い存在であることが多い．

　本書は，化学の基礎を手計算やパソコンを利用して理解するという観点からとりまとめたものである．中性の水素原子が H_2 という安定な分子をつくることは古くから知られていたが，その理由は長い間説明できないままであった．原子価の飽和はどうして起こるのかという疑問に対する解答がなかったためである．この解答は，分子仮説が提示されてから100年以上も後に，量子力学を用いて初めて与えられた．このように化学における基本的な事柄を理解するために重要な量子力学は，どのようにして誕生したのだろうか．本書では，量子力学の誕生のきっかけになった研究として，最初に水素原子のスペクトル線の数式化をとりあげる．いわゆるバルマーの式がどのようにして導かれたかを考えようというわけである．

　学問を学ぶ目的は，知識や技術を習得するだけではなく，自然界におけるいろいろな問題を自ら発見しそれを解決するための「考える能力」を養うことである．この目的を達成するためには，大発明，大発見の拠り所となった実験事実から，「もし自分だったらどのように推論するか」を考えることが有効である．本書の前半では，バルマーの式の科学的な意味がシュレーディンガーの波動方程式によって解明されるまでの過程を6章にわたって記述した．この解明に携わった多くの科学者が，周期表をはじめとする化学における基礎的なことがらに関心が深かったためである．

コンピューターは科学研究のいろいろな場面で有用である．本書では，上記前半までの各章で，実験データの統計処理，グラフ化，コンピューター・グラフィックスの手法によるシミュレーション（模擬実験），サウンド機能の利用などを例示する．後半では，水素原子の電子状態を可視化してその波動性を視覚的に認識するとともに，波動の干渉としての化学結合の本質の理解へとつなげる．つまり，種々の近似のレベルを持つ分子軌道（MO）法が，どういう化学的事象の解明に有効かを，コンピューターの数値計算とその結果の図示を通して考える章である．各章の内容の概略は序章にまとめて示した．

　本書を読むにあたっては，コンピューターの専門知識はほとんど不要である．いわゆる Windows 用のソフトウェアを別途に配布するので（173 頁参照），テキストの指示通りに入力すれば基本的な動作が学習できる．後半の MO 法ソフトウェアをご利用いただくと，種々の分子について応用し，独自の学習へと展開することも可能となる．この際，数学の知識は高等学校卒業程度で充分である．一部に行列式など大学一年次程度の知識が必要なところがあるが，注により高校レベルで対応可能なようにした．

　本書を著すにあたっては，杉森 彰 上智大学名誉教授に大変お世話になった．筆者の処女出版は，四半世紀も前の『カラーケミストリー』（丸善，1982）である．量子化学の色素化学への応用を企図したこの著書は，約 1 年の期間を経て脱稿した後，半年以上もかけて島村 修 東京大学名誉教授によって査読され，多くの誤りをご指摘いただいた．杉森教授にはこの経緯を尊重していただき，上智大学大学院における「化学特論－分子軌道法」の非常勤講師として，著書のブラッシュ・アップを図る機会をご提供いただいた．コンピューターを援用したこの講義は現在も継続して開講されている．このたび，その実績を新たな書籍としてとりまとめる機会をお与え下さり，全編にわたってご査読いただいた杉森教授に深く感謝する次第である．大橋裕二 東京工業大学名誉教授には，綿密なご査読をいただき，「考える化学」を盛り込む企画について一定のご理解をいただいたことに大変感謝している．

　最近，大学生の教育の出口保障が取り沙汰される機会が増加した．特に，工

学系では JABEE（日本技術者教育認定機構：Japan Accreditation Board for Engineering Education）のカリキュラムを採用することが常識化し，学部学生が問題発見能力と問題解決能力を身に付けて卒業に至ったという evidence（証拠書類）の提出が義務付けられている．大学教育では当たり前のように実施されてきたこの過程を，文書で残す作業が開始されたことになる．冒頭に述べたように，本書はこのことに特に配慮し，各章の演習問題を解くことによって evidence が自然に蓄積されるように工夫されている．

共著者の染川賢一 鹿児島大学教授は筆者の修士課程在学中の先輩であり，研究室では共に有機合成化学実験に明け暮れた．筆者のコンピューター化学との出合いは，博士課程修了後の 1970 年代であるが，このとき，一足先に Hückel MO（HMO）法などのプログラミングに取り組んでおられた染川先生にいろいろとご指導をいただいた．コンピューターの化学への応用には，情報化学，計算化学，ケモメトリックス，人工知能など種々の分野があり，本書の企画にあたってはどこに焦点を絞るかが難しいところであった．染川教授には，計算化学を中心としてとりまとめるという方針をご提示いただき，本書の後半（第 11 ～ 14 章）の執筆にもご協力いただいた．

研究室の秘書の中村恵子さん，裳華房の小島敏照氏をはじめ編集部の方々には，本書の構成が類書に見られないものであったことにもとづく面倒な割付作業をはじめ種々お世話になった．埼玉大学の野口文雄 助教授には HMO および PPP 法プログラムの作成にご協力いただいた．西本吉助 大阪市立大学名誉教授の綿密なご指導の賜であることを申し添えたい．高橋 郁君，木村友理亜さんには図面の作成を担当していただいた．栗原幸大，利根川 庸，稲垣 翔の諸君には演習問題の試解答を含む諸々の作業に協力していただいた．筆者の不手際のためであろうが，本書のとりまとめは深夜の仕事が多かった．このような不規則な生活に協力し，文献の入手にも尽力した家族をはじめ，ご助力いただいた多くの方々に厚く御礼申し上げる．

 2005 年 夏

著者代表　時 田 澄 男

目　次

序　章……1

第1章　水素原子のスペクトル

1.1　バルマーの式はコンピューターで導出できるか…………6
1.2　バルマーはどのようにして式(1.1)を導いたのか…………15
1.3　リュードベリの式…………17
演習問題…………18

第2章　電子の発見

2.1　物質の離散性と電荷の離散性…19
2.2　電子の発見…………21
2.3　トムソンのデータの検証………24
2.4　電子の電荷…………26
演習問題…………27

第3章　原子構造

3.1　いろいろな原子模型……………29
3.2　希ガスの発見…………31
3.3　ラザフォードの実験のシミュレーション…………31
3.4　ボーアの量子論…………35
3.5　モーズリーによる原子核の電荷の測定…………37
演習問題…………38

第4章　不確定性原理

4.1　光の波動性のシミュレーション…………40
4.2　光の粒子性…………43
4.3　電子の波動性…………44
4.4　気体電子線回折のシミュレーション…………45
4.5　不確定性原理…………45
演習問題…………47

第5章 定常波

5.1 Mathematica による1次元の
定常波のシミュレーション …48
5.2 定常波と量子化 ……………50
5.3 波の方程式 …………………51
5.4 周囲を固定した円形膜に起こる
定常波 ………………………53
演習問題………………………56

第6章 シュレーディンガーの波動方程式

6.1 量子力学の誕生 ……………57
6.2 波動関数の解釈 ……………59
6.3 波動関数の性質 ……………60
6.4 電子は雲のようなものではない
ことを示す実験のシミュレーション …………………………61
演習問題………………………63

第7章 水素原子

7.1 量子数と周期律 ……………64
7.2 原子軌道の数式 ……………67
7.3 原子軌道の形 ………………72
7.4 原子軌道における波動性 ……76
演習問題………………………78

第8章 自由電子模型とその活用

8.1 いろいろな分子軌道法における
自由電子模型の位置づけ ……79
8.2 自由電子模型における近似 ……81
8.3 分子軌道エネルギー E と分子
軌道 ϕ ………………………82
8.4 鎖状共役ポリエン類の光吸収 …82
8.5 自由電子模型の活用 ………84
演習問題………………………86

第9章 ヒュッケル分子軌道法

9.1 ヒュッケル分子軌道法の手続き …88
9.2 HMO 法における永年方程式の
書きおろし方 ………………90
9.3 HMO 法計算の実際 …………93
演習問題………………………97

第10章 PPP 分子軌道法

10.1 近似をすすめた分子軌道法の手続き……98
10.2 PPP 分子軌道法の実際 ……99
10.3 新しい二中心電子反発積分（New-γ）による PPP 法の改良 ……101
演習問題 ……102

第11章 酸素の磁性

11.1 一重項電子配置と三重項電子配置 ……104
11.2 分子軌道法ソフトウェア MOPAC ……104
11.3 酸素分子の分子軌道 ……104
11.4 窒素分子の分子軌道 ……107
演習問題 ……109

第12章 分子の形はどのようにして決まるか

12.1 化学構造式と分子の形 ………110
12.2 原子価電子対反発 (VSEPR) 法 ……111
12.3 MOPAC によるメタンの構造の計算 ……112
　12.3.1 メタンの構造入力 ………112
　12.3.2 計算方式の設定 …………114
　12.3.3 入力構造の確認 …………114
　12.3.4 分子軌道法計算 …………116
12.4 エチレンの計算 ……………117
12.5 アセチレンの計算 …………118
12.6 窒素分子と酸素分子の計算 …119
演習問題 ……………………120

第13章 共有結合におけるイオン性

13.1 軌道相互作用の原理 …………122
13.2 フッ化水素の分子軌道法計算 ……………124
13.3 イオン化ポテンシャルと電子親和力 ……127
13.4 電気陰性度 ……………128
13.5 酸や塩基の硬さと軟らかさ …130
演習問題 ……………………131

第14章 ペリ環状反応

14.1 フロンティア軌道の大切さ …132
14.2 環状電子反応 ……………133
14.3 協奏的付加環化 …………135
14.4 ディールス・アルダー反応 …136
　14.4.1 ブタジエンとエチレンの反応の解析 ……………137
　14.4.2 シクロペンタジエンと無水マレイン酸の反応における立体選択性 …………144
　14.4.3 活性化エネルギーの計算精度 ……………146
　演習問題 ……………………148

さらに勉強したい人たちのために ………………………………………150
演習問題解答 …………………………………………………………152
索　引 …………………………………………………………………168
配布プログラムおよびコンピューター可読データ一覧 ………………173

序　章

　本書の構成の概略をこの章に記す．

　水晶やガラスのプリズムに太陽の光を通すと，鮮やかな虹色のスペクトルが得られる．科学者とは，このようなありきたりともいえる現象に，不思議さやある種の畏敬の念を持って接する人たちのことである．ニュートンは，1666年，プリズムによる実験を行い，同じ屈折率の光には同じ色が属していることを発見した．

　その後，白色光のかわりに原子から出る光を用いてプリズムの実験を行うと，連続スペクトルではなく，とびとびの輝線スペクトルが観察されることが明らかになった．さらに，その輝線は，ニュートンが観察した太陽光の連続スペクトルの中に暗線として認められる波長に一致するものがあることもわかった．スイスの数学者バルマーは，自然の不思議さの背後に，単純な整数が存在すると考えた．彼は，水素原子のスペクトル線の波長を表す数値そのものの魅力にひかれ，後にバルマーの式として知られる美しい数式を見出した．本書の第1章は，このときのバルマーの思考過程をいろいろな方法で考察するという構成になっている．大科学者の考え方を学ぶことが知的興奮を呼び覚ますことを期待した構成である．

　バルマーの研究は，測定値から自然界の秩序を発見する過程として位置づけられる．その数式にはきれいな整数が含まれているが，なぜそうなるのかという疑問には何も答えてくれない．本書の第2章から第6章では，この秩序が現れる理由がどのように明らかにされていったかを辿る．そのために，まず，電子や原子核の発見（第2章），周期表の完成に多大の貢献をしたモーズリーの式（第3章）などを取り扱う．後者がバルマーの式ときわめてよく類似していることも自然の妙理である．ボーアの前期量子論は，バルマーの式をよく説明したが，電子を粒子と考えていたために多電子原子への応用が難しかった．第4章から第6章では，粒子が波動性を持つという考え方がこのジレンマをどの

ように解決し，シュレーディンガーの波動方程式へと結実していったかを解説する．単一の光の粒（光子），あるいは，単一の電子が狭い領域を通過したらどうなるのかという実験は興味深いが，手軽に追試してみるのは無理である．しかし，コンピューターを用いてシミュレーションを行うと，机上でこの実験のエッセンスを眺めることができる．本書では，この種のコンピューター・シミュレーションを随所に取り入れて，実験による現象の理解の一助となるようにした．

第7章では，原子の中の電子のありさまを，コンピューター・グラフィックスの手法によりいろいろな角度から眺め，その波動性や粒子性がどのように表現できるか，それは電子の状態を表す波動関数（すなわち，原子軌道の数式）とどう対応しているのかを学ぶ．コンピューターによる科学的可視化方法が軌道の物理的意味をどう描き出すかを考えようという章である．

第8章から第14章では，分子の中の電子のありさまを計算するいろいろな近似法と，実際の計算による結果の解釈の仕方について学ぶ．多電子系のシュレーディンガーの波動方程式は解析的には解けないので，近似的なモデルに変換して解く．いろいろなモデルが提案されているが，それらの特質を理解すると，どのような場合にどの近似法が適しているかを考えることができる．

近代工業化学の父は，パーキン（William Henry Perkin 1838-1907）であるといわれている．彼は1856年に最初の合成染料を発見し，18歳の若さでこれを工業生産した．この成功は，合成染料の市場性を実業家に認識させることとなり，多種多様の染料を創出する産業が助成され，近代工業を支える有機合成化学が発展していったのである．第8章では，有機化合物の色と構造の関係を解明する最も初期の量子化学的アプローチである自由電子模型（free electron model, FEM）を紹介する．意外なことに，いろいろな著書で例示されているエチレン，ブタジエン等々の中性ポリエンに対してはFEM法は適しておらず，シアニンやオキソノールと呼ばれる陽イオンや陰イオン系の色素計算ではよいモデルとなる．第8章は，その理由を考えていただく章である．

第9章では，最も基本的な分子軌道（molecular orbital, MO）法である

Hückel MO (HMO) 法を解説する．アボガドロは水素が H_2 という 2 原子分子であると主張したが，その考えは生涯学界に受け入れられることはなかった．中性の原子が 2 つ結合したときに，どうして安定になるのか説明できないというのが反論の骨子である．この反論が理論的に誤りであることは，量子力学的手法によって初めて解明されることとなる．HMO 法は，共役二重結合系の π 電子のみを取り扱う近似法として用いられることが多いため，本書でもその解説を優先したが，水素分子の安定性を示す σ 電子系への適用例も第 9 章で取り扱っている．

第 10 章では，有機化合物の色と構造の解明に最も適した近似法である PPP-MO 法と呼ばれる手法についてふれる．HMO 法では，電子間の反発ポテンシャルを数式の上で考慮していないので，電子吸収スペクトルなどの定量的計算には適していない．PPP 法では，このポテンシャルを考慮する点で，後述する PM 5 法等と同じ考え方が採用されている．ただし，この数式を追うことは本書の範囲を逸脱するので他の成書に譲り，これらの手続きでも，最終的に解くべき式は HMO 法と全く同じ形式になることだけを解説した．HMO 法と PPP 法は 1 つのパッケージ・プログラムとして別途配布するので（173 頁参照），本書に記載されていない種々の分子骨格を入力して結果を比較することができる．

第 8 章から第 10 章では，主として π 電子のみを扱う近似法を説明した．本書の残りの 4 章では，σ 電子と π 電子（全価電子）を扱う MO 法として，主として PM 5 法と呼ばれる近似法を紹介する．空気の主成分である酸素分子と窒素分子を比べると，前者が化学的に活性であるのに対して後者は不活性である．また，前者は常磁性で磁石に引かれる性質があるが，後者は反磁性なのでそのような性質を示さない．このような性質のちがいは，経験的な化学の方法ではどうしても説明ができなかった．第 11 章では，これらの分子に対する MO 計算結果にフント則を当てはめると，酸素はビラジカルになり，窒素は閉殻となる（ある特定の MO まで電子が対になって配置される）ことにより理論的に説明できることを示す．第 12 章では，MO 法によって分子の形がどの

ように決められるかを学び，そのことが，原子価結合法による sp^3, sp^2, および sp 混成軌道の数式とどのように対応しているかを考える．混成軌道の概念図は，その結果だけが図示されている教科書が多いが，これではその本質が全くわからないために不満を持つ学生も多いようである．本書では，軌道の加減算だけでその本質が見えるという基本的なところを省略せずに示した（一部は演習問題として取り扱った）（† 脚注次頁）．第 13 章では，異核 2 原子分子における結合の分極を MO 法で求める方法をもとに，イオン化ポテンシャル，電子親和力，電気陰性度という基本的な概念を解説する．有機反応のうち，イオン反応やラジカル反応は溶媒との相互作用が大きいために理論的に取り扱いにくい．イオンもラジカルも経由しないペリ環状反応と呼ばれる一群の反応は，ウッドワード・ホフマン（WH）則として整理されている．第 14 章では，WH 則を取り扱い，分子軌道理論にもとづいていわゆるフロンティア軌道を考えると，反応の選択性や生成物の立体化学の予測ができることを解説する．この最終章では，神秘の数ともいえる整数が再び登場する．自然界の秩序としての整数が有機反応論でも重要な役割を演じていることにお気づきいただければ幸いである．

　本書を読むにあたっては，数学的な予備知識はほとんど不要であることを序文で述べた．高等学校で勉強した下記の事項を復習しておく程度で充分である．

$$\frac{d}{dx}(\sin ax) = a\cos ax, \quad \frac{d}{dx}(\cos ax) = -a\sin ax$$

$$\int \sin ax \, dx = -\frac{1}{a}\cos ax + c \quad (c：積分定数)$$

$$\left\{\frac{f(x)}{g(x)}\right\}' = \frac{f'(x)g(x) - g'(x)f(x)}{\{g(x)\}^2}$$

$$\sin(\alpha + \beta) = \sin\alpha\cos\beta + \cos\alpha\sin\beta$$

$$\cos(\alpha + \beta) = \cos\alpha\cos\beta - \sin\alpha\sin\beta$$

$$\begin{vmatrix} a & b \\ c & d \end{vmatrix} = ad - bc$$

そのほかに必要な公式などは，その都度，該当部分で注として示した．

---

† 最近，基礎的な教科書にも図式や数式による説明が少しずつ増加してきた．たとえば，杉森 彰 著：『基礎有機化学（化学新シリーズ）』（裳華房，1995），p.16．

第1章 水素原子のスペクトル

実験結果として得られるデータから経験式（実験式）を求める問題は，化学研究のいろいろな場面で重要な役割を演じている．オングストレームは，水素原子の4本のスペクトル線の波長を実験によって求めた．バルマーは，このたった4個のデータを使ってすばらしい実験式を導いたが，その方法については記録がない．第1章では，この過程にコンピューターを利用するとどのように統計的な解析ができるかを学ぶ．同時に，手計算の例も掲げるが，これらは，実験式を導出する方法のほんの一例である．各自がバルマーになったつもりで，独自の方法を考えていただく手助けをするのがこの章のねらいである．

1.1 バルマーの式はコンピューターで導出できるか

バルマー（Johann Jacob Balmer 1825-1898）は，60歳のとき，2編の論文を発表した．その中に，後にバルマーの式として知られるようになった水素原子の原子スペクトルを表す式 (1.1) が含まれている．

$$\lambda = 364.56 \times \frac{n_2^2}{n_2^2 - n_1^2} \quad \text{(nm)} \tag{1.1}$$

ただし，可視部のスペクトル線に対しては，$n_1 = 2$ で，n_2 は $3, 4, 5, \cdots$ である．単位は現代風に nm に変換してある．

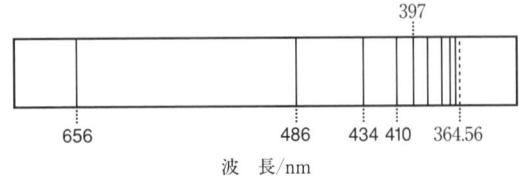

図1.1 水素原子の可視部の輝線スペクトル
太字がオングストレームの測定値の概略値．

1.1 バルマーの式はコンピューターで導出できるか

オングストレーム（Anders Jonas Ångström 1814-1874）は，1860年頃，水素原子の可視部の4本のスペクトル線の波長を約1万分の1という精度で測定していた．この値の概略値を，後から測定された他のスペクトル線とともに図1.1に示す．バルマーは，この4つの測定値だけを頼りに，式 (1.1) というきわめて調和の取れた綺麗な数式を導いた．この数式の要点は，364.56 (nm) という定数で，これはスペクトル線の間隔が短波長側になるにつれて詰まっていった極限の値を表している．当時知られていなかったこの極限の値をバルマーがどのように算出したかは，彼自身の論文の中にも残念ながら明確には示されていない．おそらく，いろいろな試行錯誤の末に辿り着いた結論であろうと推量される．

この極限値は，コンピューターで導出できるだろうか．ある程度の試行錯誤を許せば可能である．正解に至る道筋はたくさんあり，それを追い求めることは，現在でも最も楽しい過程のひとつといえる．ここでは，そのような解答の一例として，現在，大多数の方が利用しているマイクロソフト社のExcelで算出する例を示す．

パソコンは，いわゆるWindows対応機でオペレーティングシステム（OS）はWindows XPを用いた．Windows 2000や，対応するExcelを搭載した

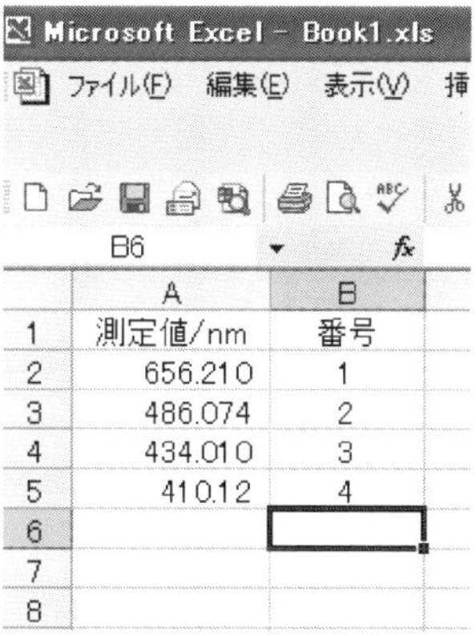

図1.2 測定値と番号の入力

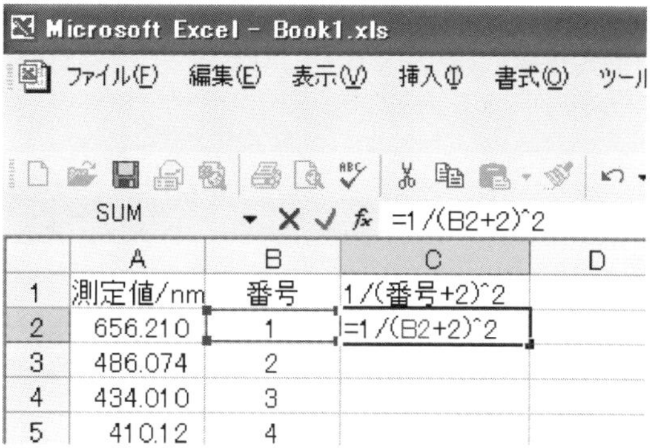

図1.3 $1/(番号+2)^2$ の入力

Macintosh でもほぼ同様に動作するはずである．

(1) スタートボタンをクリック（マウスの左ボタンを押す）して，Microsoft Excel をクリックする．または，"すべてのプログラム"から Excel を選択する．

(2) A1 欄に「測定値」と入力して Enter ↵ を押す．日本語でも英語でもよい．あるいは，面倒なら空欄でもよい．続いて，実際の測定値を A2 に入力して，Enter ↵ を押す．図 1.2 では有効数字の 0 を補ったが，なくても結果は同じになる．A3〜A5 にも同様に測定値を入力する．つぎに，B1 欄に「番号」と入力して Enter ↵ を押す．B2 から B5 に 1〜4 の数値を入力して Enter ↵ を押す．

(3) C2 欄を選択し，下記を入力する（図 1.3）．

=1/(B2+2)^2

ここで，^印は，べき乗の記号であるから，B2 欄の数値に 2 を加えて 2 乗し，逆数をとったものを C2 欄に入れよという命令になる．入力したものと同じ式が fx 欄にも入っている（この欄で入力や訂正ができる）．Enter ↵ を押すと，計算値が 0.1111… と入る（図 1.4）．なぜ，このような数式を選んだかは，いろいろな試行錯誤の結果と解釈してほしい．

(4) つぎに，カーソルキー（↑ キー）でカーソルを C2 に戻し，「編集」のプルダウンメニューから「コピー」を選択してクリックする（図 1.5）．

(5) C3〜C5 欄をドラッグ（左ボタンを押しながらマウスを動かす）して，

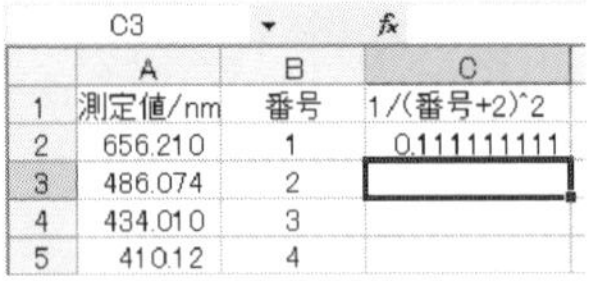

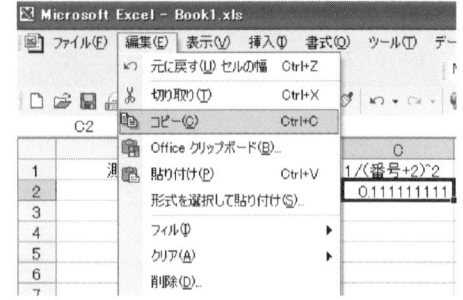

図 1.4 1/(番号＋2)² の計算結果（0.111…）

図 1.5 C2 欄の計算方法（fx 欄）の「コピー」

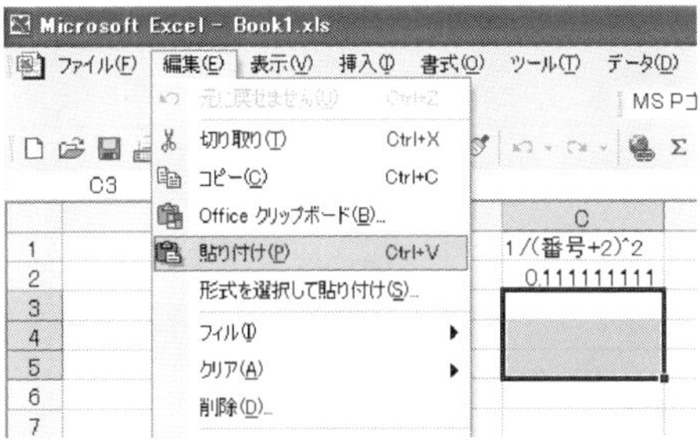

1.1 バルマーの式はコンピューターで導出できるか　　　　　　　　　　9

図 1.6　C3〜C5 を選択して「貼り付け」

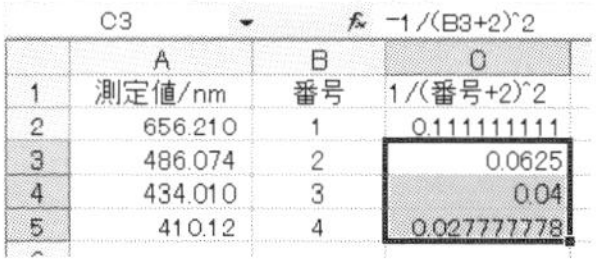

図 1.7　C3〜C5 欄への fx の「貼り付け」が完了して計算値が入った画面

「編集」のプルダウンメニューから「貼り付け」を選択する（図 1.6）．クリックすると計算結果が入る（図 1.7）．ここでは，B3 が選択された形式になっているので，fx 欄（数式欄）に B3 + 2 の 2 乗の逆数が入っている．カーソルを ↓ キーでひとつずつ下げていくと，B4，B5 からの計算であることが示される．

(6) D2 欄に = 1/A2 と入力して Enter ↵ を押すと計算結果が D2 欄に入る．D2 欄を選択してコピーし，D3〜D4 をドラッグしておいて貼り付けると，それぞれの欄に計算結果が入る（図 1.8）．

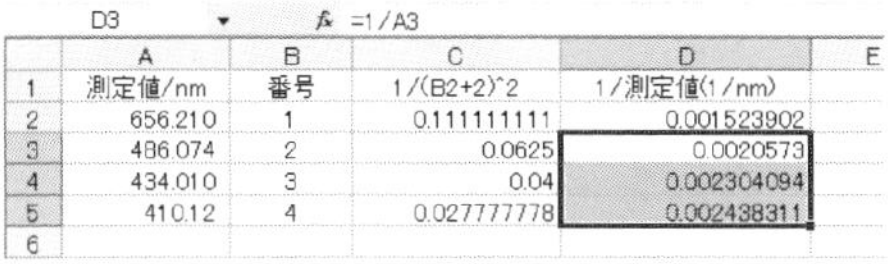

図 1.8　D 欄についても C 欄と同様に操作して，A 欄の逆数（fx 欄に記載されている）を計算した画面

(7) 以上で全てのデータが入力できたので，適当なファイル名で保存しておく．
(8) C2〜D5 をドラッグして選択し，グラフィックウィザードボタン（画面にないときは，「挿入」のプルダウンメニューの「グラフ」）を選択してクリックし，さらに，このグラフの種類として「散布図」を選んでクリックし，さらに形式の 5 つの図のなかの左上を選んで「次へ」をクリックする（図

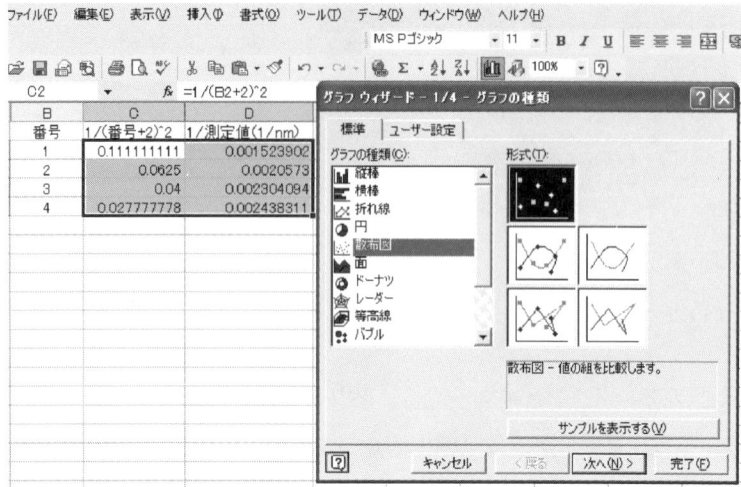

図 1.9　散布図の選択

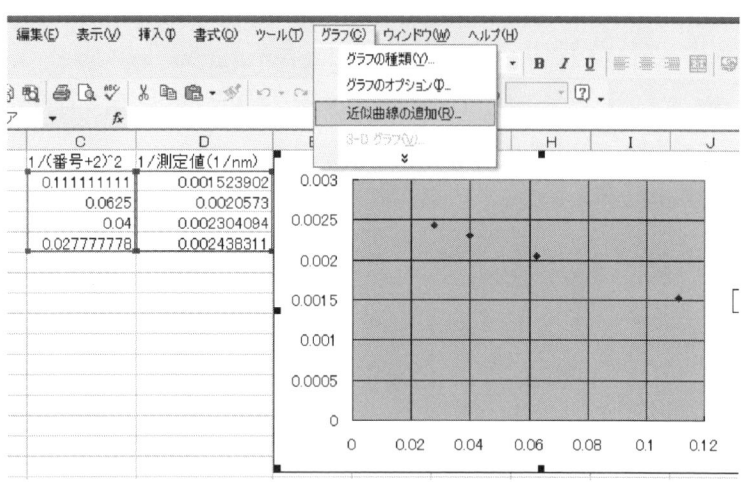

図 1.10　散布図のプロット画面からの「近似曲線の追加」の選択

1.9）．

(9) グラフィックウィザードの右下の「完了」を選択してクリックすると，C2〜C5 が X 軸，D2〜D5 が Y 軸にプロットされた散布図が描かれる．

この画面のメニューには「グラフ」が追加されているので、グラフメニューから「近似曲線の追加」を選択する（図1.10）.

(10)「近似または回帰の種類」の画面が表れるので、左上の「線形近似」を選択する（図1.11）. OKをクリックすると図1.12のように回帰直線が描かれる.

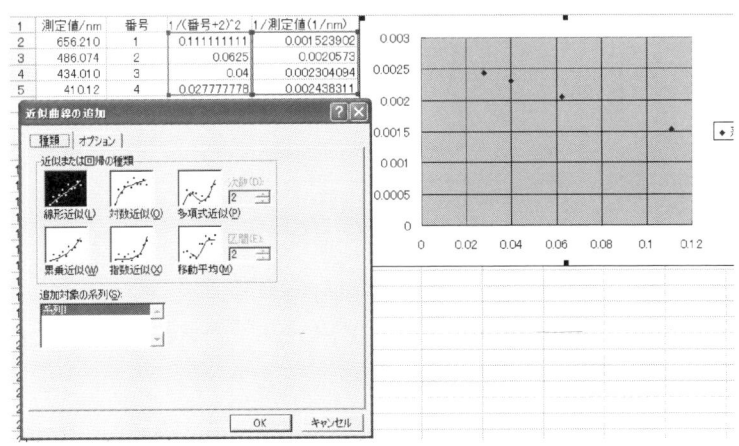

図1.11 「線形近似」を選択して最下部のOKをクリックする

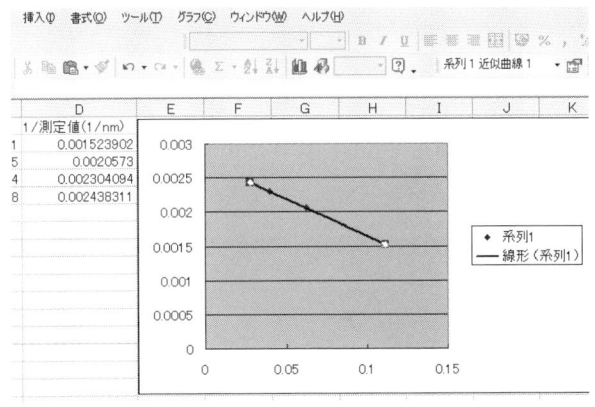

図1.12 回帰直線の描画

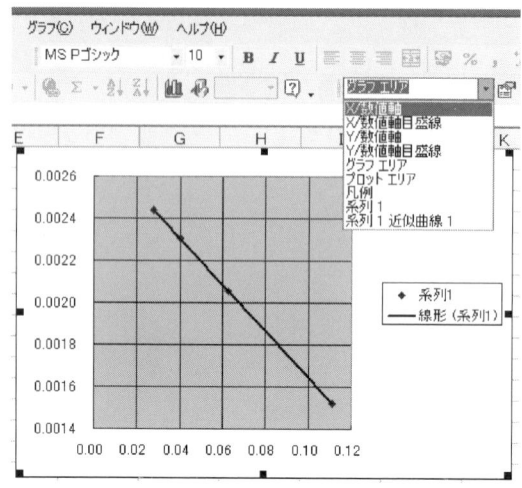

図 1.13　グラフの整形

(11) グラフの大きさや縦横比は，グラフ上のエリアの角をドラッグして変形できる．軸の数値の範囲や間隔等は，数値等をダブルクリックするか，図1.12 で「系列 1 近似曲線 1」と書かれている枠の右側の▼印をクリックして必要な項目を選び，すぐ右側の手形マークをクリックして変更できる（図1.13）．X 数値軸目盛線は，最上段の「メニュー」のグラフをドラッグしてグラフオプションを指定すれば表示できるようになる．なお，この項の変形は行わなくとも後の操作には影響しない．

(12) つぎに，回帰直線の相関係数を，たとえば D8 欄に記入する．D8 欄を選択し，図 1.14 の B 欄のすぐ上の fx を選択してクリックする（もしくは「挿入」から「関数」を指定する）．図 1.14 の下部の関数の挿入枠から CORREL を選び（画面にないときは「関数の検索」欄に「CORREL」または「相関係数」と入力して検索する），OK をクリックする．図 1.15 に示す関数の引数の表示が出るので，C2～C5 をドラッグすると，配列 1 に C2：C5 が自動的に入る．あるいは，この欄に C2：C5 と入力しても同じである．配列 2 にカーソルを移し（ Tab キー），D2～D5 をドラッグする．相関係

1.1 バルマーの式はコンピューターで導出できるか

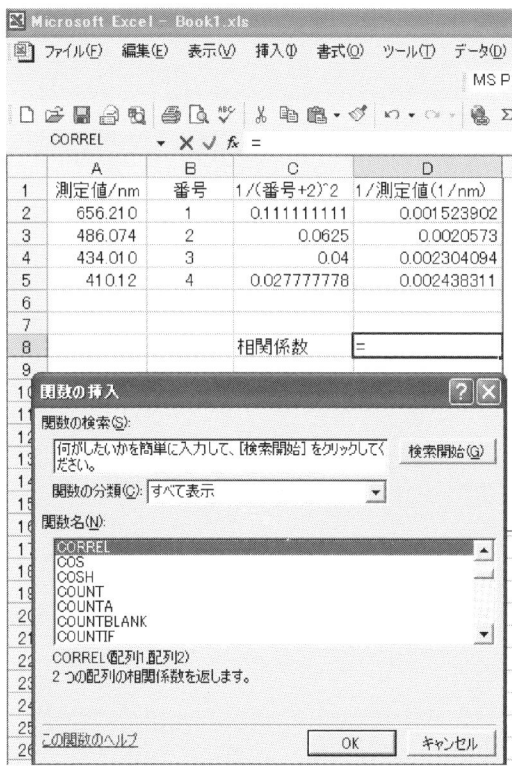

図 1.14 関数 (fx) の指定

数は -0.999999993 と表示されるので，OK をクリックすると D8 欄に同じ数値が入る．有効数字は 5 桁なので，-1.0000 ということになる．

(13) 傾きと切片を同様にして D10 欄と D11 欄に記入させるには，それぞれを選択して fx（関数）メニューから SLOPE または INTERCEPT を選択すればよい．「既知の y」欄に D2 〜 D5 をドラッグし，「既知の x」欄に C2 〜 C5 をドラッグすると，傾き -0.010972386，切片 $= 0.002743055$ と求まる．

(14) 最後に目的の極限値を求める．D13 欄に =1/D11 と入力して Enter ↵ を押すと，364.56 nm という所期の値が求められる．最終画面を図 1.16 に示す．

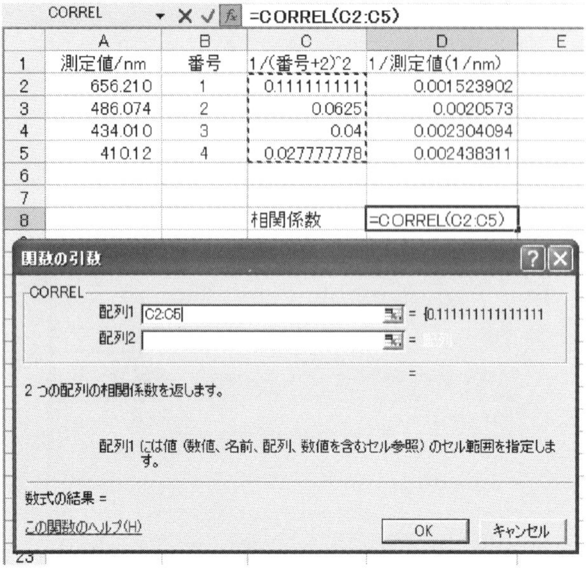

14　第1章　水素原子のスペクトル

図1.15　関数の引数の指定

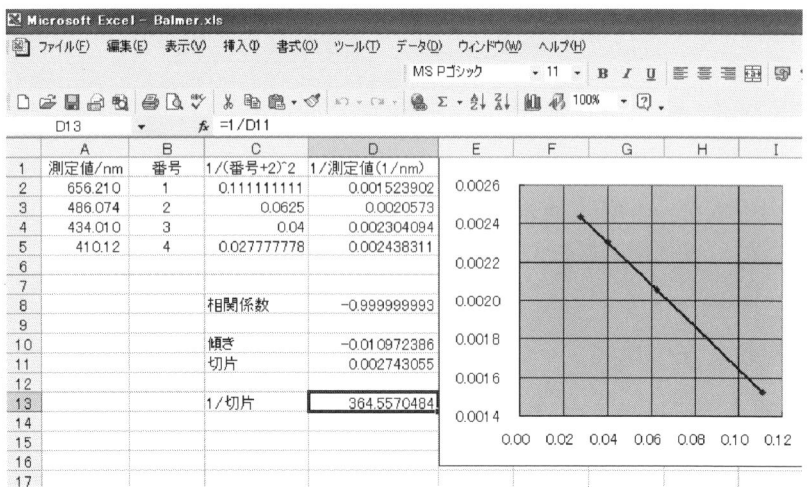

図1.16　相関係数，傾き，切片ならびに極限値（1/切片）の計算結果

(15) 適当なファイル名で保存しておく（章末の演習問題を解くときに便利）．

1.2 バルマーはどのようにして式 (1.1) を導いたのか

前節で述べた方法を**最小二乗法**（least squares method）という．最小二乗法は，ガウス（Carl Friedrich Gauss 1777-1855）によって発展させられたとされている．ガウスは主としてドイツのゲッティンゲンで研究し，バルマーはドイツのベルリンやカールスルーエで学んでいる．バルマーの研究が晩年のものであることを考えると，式 (1.1) の導出に最小二乗法を用いたことは否定できない．

前節で求めた極限の値（364.56 nm）は，測定値を図 1.17 のようにプロットしたときの漸近線の y 座標である．この値を図 1.17 から求めることは曲線の外挿に相当するが，コンピューターを用いても，内挿はうまくいくものの外挿では失敗することが多い．そこで，前節では，それぞれの逆数をとることにより，外挿の問題を y 切片を求める問題に変換して解決を図った．測定値にある数を加えて平方したのは，加える数とべき指数をコンピューターで系統的に探すことが可能なので，現在では容易である．しかし，バルマーの時代にこのような計算を行ったとは考えにくい．

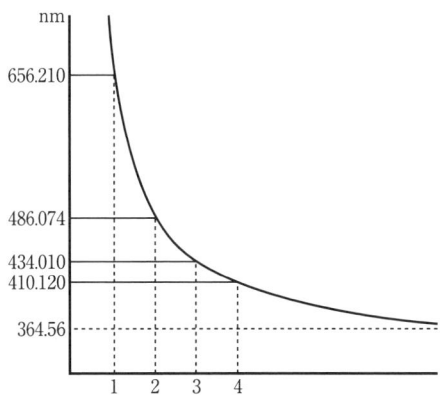

図 1.17　バルマーの極限値（364.56 nm）を求めるグラフ

バルマーは，数秘学者めいたところのある人であったともいわれている．数秘学（numerology）とは，誕生の年月やピラミッドの階段の数，その他いろいろな数字を運命の占いや予言などに関連させようとする論である．式 (1.1) を導けたのは，数秘学者のひらめきと説明する人もいるが，それは上記の繰り返し計算よりもさらに可能性に乏しい．数理的な解析なしにひらめくことはあり得ないからである．

　その数理的な解析を可能にしたのは，オングストレームの実験の確かさである．相関係数の値から，測定値の誤差は 1 万分の 1 以下ということがわかる．バルマー自身も以下のように述べている†．

⋯eher ein glänzendes Zeugniss für die grosse Gewissenhaftigkeit und Sorgfalt ist, mit welcher Ångström bei seinen Operationen zu Welke gegangen sein muss.

［（バルマーの計算値とオングストレームの測定値との差が非常に小さかったということは⋯）オングストレームの研究がその学問的処理においてきわめて綿密でしかも信頼できるものであったことを如実に示す驚くべき証拠となっている．］

　もちろん，長さの単位自体がその後 1875 年，1960 年，1983 年と相次いで改定されているので，現在の測定値とは異なっているが，1800 年代の中頃にこのように精度の高い測定が行われていたことは驚嘆に値する．

　オングストレームの素晴らしい実験値を用いてバルマーの思考過程を追いかけることは，探求的・発見的要素があるために知的興奮を呼ぶという楽しさが伴う．

　実験式の導出は，現象の統一的理解を得る先駆けとなる重要な研究である．しかし，バルマーの時代に手計算でいろいろな可能性を試みたときには大変な時間を要したと考えられる．コンピューターに測定値を入力すると，線形，対数，指数，べき乗，多項式などの種々の近似曲線による適合の度合いを，正確

---

† J. J. Balmer: *Ann. Phys. Chem.*, **25**, 80-85 (1885).

にしかも高速に調べることができる．たとえば，Excel では，これらの関数は全て組み込まれていて，別に任意の近似関数を指定することもできる．また，統計専用のソフトウェアでは，さらに便利な使い方も可能なものが数多く流通している．これらをうまく活用すると，コンピューターを知的好奇心を満足させる探求的で発見的な道具，つまり，想像力を涵養する道具として利用することが可能となる．

オングストレームの測定値が公表されてからバルマーの式が出るまでに，約25 年の歳月が経過している．もしもコンピューターが使えたとすると，この期間はどの程度に短縮できたのだろうか．それとも，整数論などの別のアプローチがあるのだろうか．章末の演習問題［4］〜［5］には，後者の一例を掲げておいた[†]．

1.3 リュードベリの式

スウェーデンの物理学者リュードベリ（Johannes Robert Rydberg 1854-1919）は，式（1.1）の逆数をとった次式を発表した．

$$\bar{\nu} = \frac{1}{\lambda} = R_\mathrm{H}\left(\frac{1}{n_1^2} - \frac{1}{n_2^2}\right) \qquad (1.2)$$

ただし，$\bar{\nu}$ は波数，R_H は水素原子のリュードベリ定数である．R_H の最新の値は，以下の通りである．

$$R_\mathrm{H} = 1.0973731568525(73) \times 10^7\,\mathrm{m}^{-1} \qquad (1.3)$$

バルマーの1885 年の論文には，$n_1 = 1$ や $n_1 = 3$ 以上の系列の存在が予測されていた．1906 年，水素原子の紫外部（$n_1 = 1$，$n_2 = 2, 3, 4\cdots$）ならびに赤外部（$n_1 = 3$，$n_2 = 4, 5, 6\cdots$）のスペクトル線が相次いで発見された．これらのスペクトル線の波長は，式（1.2）でそのまま再現できた．式（1.1）では，係数 364.56 にそれぞれ $\frac{1}{2^2}$ または $\frac{3^2}{2^2}$ を掛けると再現できる．

水素原子の紫外部および赤外部のスペクトル線は，それぞれ，測定者の名を

[†] 他の試みも報告されている．たとえば，A. K. Dewdney 著（好田順治，小野木明恵 訳）：『数学の不思議な旅』（青土社，2001）．

とって**ライマン系列**（Lyman series），**パッシェン系列**（Paschen series）と呼ばれている．可視部のスペクトル線は，測定者ではなく，数式をあてはめた研究者の名をとって**バルマー系列**（Balmer series）と呼ばれている．

リュードベリは，1890年頃 水素以外の原子にもかなりよく適用できる形に式（1.2）を拡張した．スイスの物理学者 リッツ（Walter Ritz 1878-1909）は，この考え方をさらに推し進め，1908年には原子構造に関する最も有望とされた理論を展開したが，スペクトル線の原因については，なお不明な部分が多かった．

演習問題

[1] バルマーの式（1.1）を用いて $n_1 = 2$，$n_2 = 7$ のスペクトル線の波長を予測せよ．

[2] バルマーの式（1.1）から式（1.2）の R_H を求め，最新の値と比較せよ．

[3] バルマーは，1885年の論文でディシャイナー（Ditscheiner）の測定値（655.95, 485.974, 433.860, 410.00 nm）から極限波長を364.460 nmと計算している．Microsoft Excelを用いて極限波長を計算し，オングストレームの測定値をもとにした計算値と比較せよ．

[4] オングストレームの3番目の測定値の近似値を434.00とし，彼の4つの測定値をこの値で割り，1000を掛けた数値に最も近い整数を書け．

[5] 問4の答からバルマーの式を導け．ヒントはなるべく見ないことが望ましい．

 ヒント1：各整数を素因数分解せよ．

 ヒント2：各整数を Y 軸に，対応する番号（1〜4）を X 軸にとって各点をプロットし，滑らかな曲線で結べ．この曲線の漸近線について，Y 座標のおよその値を見積もれ．

 ヒント3：素因数分解の結果の式に 3^2, 4^2, 5^2, が含まれていることに着目し，それ以外の項の積を求め，この値がヒント2の答に近いことを確かめよ．

 ヒント4：各整数をヒント3で求めた積で割り，約分せよ．

 ヒント5：上のヒント4の答のうち，2番目と4番目の分子と分母に4を掛けてから，答を1〜4番目の順に並べて規則性を調べよ．

 ヒント6：上記のヒント3で得た答に 434.00/1000 を掛けよ．

第2章 電子の発見

　バルマーの式に含まれるきれいな整数は，自然界における重要な秩序を表している．その秩序が現れる原因が電子であることは，その後の研究で徐々に明らかになっていく．本章では，まず，電子の発見がどのような実験をもとにしてなされたかを調べ，実験データを取り扱う際の精度とカタヨリについて学ぶ．また，電子が化学にとってどのように大切かを以下の観点で学ぶ．原子や分子は物質の最小単位として位置づけられてきた．電子が電荷の最小単位を持つことは本章でふれる．これらの考え方，つまり，物質の離散性と電荷の離散性という考え方が，後にエネルギーの離散性（量子化）という概念へと発展していくのである．

2.1 物質の離散性と電荷の離散性

　1808年，イギリスの化学者 ドルトン（John Dalton 1766-1844）は，『化学哲学の新体系』と題する著書を出版し，1810年にはその続編を刊行した．これらは，実験的根拠にもとづいて，これ以上分割できないものとしての**原子**（atom）の存在を定量的に論じたものであった．現在では，ドルトンは近代化学の創立者とみなされている．しかし，物質は連続ではなく，**離散性**（discrete attribute）があるとするドルトンの理論は，発表後，何十年もの間，多くの科学者に受け入れられなかった．ドルトンは，原子を単体と複合体に分けたが，その大部分は現在では**分子**（molecule）とされるものであり，その欠陥を指摘したアボガドロ（Amedeo Avogadro 1776-1856）の分子説をドルトンが理解し得なかったことにも原因があるのかも知れない．1860年にカールスルーエで開催された化学者会議では，ケクレ（August Kekulé 1829-1896）が開会の辞を述べた．彼は，物理的分子は気体，液体または固体の粒子，化学的分

子は化学反応の前後に現れる最小粒子で，これらは不可分ではないが，原子は
それ以上分割できない粒子であると述べ，分子の分類は不必要との指摘を受け
るなどの混乱が見られた．この会議のハイライトは，カニッツァロ（Stanislao
Cannizzaro 1826-1910）の講演であったという．彼は，アボガドロの分子説
ならびにその基礎となった「一定の温度と圧力の下で，同じ体積の気体は同数
の分子を含む」とする 1811 年の仮説の重要性を強調した．ドルトンの理論で
は原子量が正しく求められないが，アボガドロの理論ではそれが是正されると
いう論法であった．

　この講演に最も感銘を受けた科学者の一人に，メンデレーエフ（Dmitrij
Ivanovich Mendeleev 1834-1907）がいた．彼は，アボガドロの理論にもとづ
いて原子量の正しい値を求め，有名な**周期表**（periodic table）に関する論文
をとりまとめている（1869 年および 1871 年）．

　1833 年にファラデー（Michael Faraday 1791-1867）が行った電気分解に
関する研究を現在の数式で表現すると

$$F = N_A e \tag{2.1}$$

となる．ここで，F は 1 グラム原子の一価イオンによって陽極に蓄えられる
電気量，N_A はアボガドロ数，e は一価イオンの電荷である．式 (2.1) は，1
モルの一価イオンが析出される間に運ばれる電気の総量は，物質の種類や，溶
液の濃度，温度，電極の形や大きさに無関係な一定量となることを表してい
る．二価，三価イオンであればその整数倍となり，半端な値をとることはな
い．この一定量 F のことをファラデー定数という．

　1874 年，アイルランドの物理学者 ストーニー（George Johnstone Stoney
1826-1911）は，当時知られていたファラデー定数 9.6×10^4 C・mol^{-1} と，ア
ボガドロ数の推定値 約 2×10^{25} 個・mol^{-1} を用いて，$e \fallingdotseq 1 \times 10^{-20}$ C/個 と
計算し，これが電荷の最小の単位を表していると考えた．彼は，1890 年になっ
て，この電荷の最小単位を**電子**（electron）と名づけることを提案した．現
在の電気素量の値の約 1/16 であるが，電荷の離散性を求めた最初の計算例と
して貴重なものとされている．

2.2 電子の発見

蛍光灯，ネオンサインやプラズマディスプレイは，真空放電を利用した照明ないしは情報表示器具である．真空放電は，19世紀の中頃以降，高能率な真空ポンプが，ドイツのガラス吹き職人ガイスラー（Johann Heinrich Wilhelm Geissler 1815-1879）によって発明されてから急速に進歩した．1858年から1859年にかけて，ボン大学のプリュッカー（Julius Plücker 1801-1868）は，このガイスラーのポンプを用い，低圧気体における放電の研究を行った．プリュッカーは，管が高真空になるにつれ，管内の気体の発光が消え，ガラス管に蛍光が現れることを見出した．蛍光の位置は，陽極を移動してもほとんど変わらないが，ガラス管の近くに磁石を置くと動くことも見出している．ゴルトシュタイン（Eugen Goldstein 1850-1931）は，この放射線を**陰極線**（cathode ray）と名づけた．

陰極線の正体は何かということに関して，さまざまな推量がなされた．クルックス（William Crooks 1832-1919）は，カソード（陰極）近くに物体を置くと，その影が管壁に現れることから，陰極線は直進するガス分子の流れと考えた．ゴルトシュタインは，この圧力の下での分子の平均自由行程が極端に小さいことから，この考え方を否定している．

無線や電波の研究で有名なドイツのヘルツ（Heinrich Hertz 1857-1894）は，1883年，陰極線が正と負に帯電した2つの電極の間を通過してもほとんど曲がらないことから，陰極線は光のようなものであると考えた．

イギリスのキャベンディシュ研究所の所長であったJ. J. トムソン（Joseph John Thomson 1856-1940）は，陰極線が負電荷を運ぶことを，ガラス管内に集電器を置く実験で確認した．ヘルツの実験で陰極線が曲がらなかったのは，管の中の残存分子によって電極の電荷が弱められたためであると考え，高性能真空ポンプを用いて実験を行い，実際にアノード（陽極）側に曲がることを観測することができた．トムソンは，この荷電粒子を**陰極線粒子**（corpuscle）と呼び，1897年にその質量と電荷の比（m/e）を測定する定量的な研究を報告した．これは，以下の2つの方法によった．

表 2.1 陰極線で蓄えられた熱エネルギーと電荷比,および陰極線の磁場による偏向値 [方法(ⅰ)] に基づいてトムソンが得た実験結果[1] (現在の単位に換算してある)

管中のガス	熱エネルギー/電荷比 $J \cdot C^{-1}$	$\dfrac{質量 \times 速度}{電荷}$ $kg \cdot m \cdot s^{-1} \cdot C^{-1}$	速度 $m \cdot s^{-1}$	質量/電荷比 $kg \cdot C^{-1}$
陰極線管 1				
空気	4.6×10^3	2.30×10^{-4}	4×10^7	0.57×10^{-11}
空気	1.8×10^4	3.50×10^{-4}	1×10^8	0.34×10^{-11}
空気	6.1×10^3	2.30×10^{-4}	5.4×10^7	0.43×10^{-11}
空気	2.5×10^4	4.00×10^{-4}	1.2×10^8	0.32×10^{-11}
空気	5.5×10^3	2.30×10^{-4}	4.8×10^7	0.48×10^{-11}
空気	1×10^4	2.85×10^{-4}	7×10^7	0.4×10^{-11}
空気	1×10^4	2.85×10^{-4}	7×10^7	0.4×10^{-11}
水素	6×10^4	2.05×10^{-4}	6×10^7	0.35×10^{-11}
水素	2.1×10^4	4.60×10^{-4}	9.2×10^7	0.5×10^{-11}
二酸化炭素	8.4×10^3	2.60×10^{-4}	7.5×10^7	0.4×10^{-11}
二酸化炭素	1.47×10^4	3.40×10^{-4}	8.5×10^7	0.4×10^{-11}
二酸化炭素	3×10^4	4.80×10^{-4}	1.3×10^8	0.39×10^{-11}
陰極線管 2				
空気	2.8×10^3	1.75×10^{-4}	3.3×10^7	0.53×10^{-11}
空気	4.4×10^3	1.95×10^{-4}	4.1×10^7	0.47×10^{-11}
空気	3.5×10^3	1.81×10^{-4}	3.8×10^7	0.47×10^{-11}
水素	2.8×10^3	1.75×10^{-4}	3.3×10^7	0.53×10^{-11}
空気	2.5×10^3	1.60×10^{-4}	3.1×10^7	0.51×10^{-11}
二酸化炭素	2×10^3	1.48×10^{-4}	2.5×10^7	0.54×10^{-11}
空気	1.8×10^3	1.51×10^{-4}	2.3×10^7	0.63×10^{-11}
水素	2.8×10^3	1.75×10^{-4}	3.3×10^7	0.53×10^{-11}
水素	4.4×10^3	2.01×10^{-4}	4.4×10^7	0.46×10^{-11}
空気	2.5×10^3	1.76×10^{-4}	2.8×10^7	0.61×10^{-11}
空気	4.2×10^3	2.00×10^{-4}	4.1×10^7	0.48×10^{-11}
陰極線管 3				
空気	2.5×10^3	2.20×10^{-4}	2.4×10^7	0.9×10^{-11}
空気	3.5×10^3	2.25×10^{-4}	3.2×10^7	0.7×10^{-11}
水素	3×10^3	2.50×10^{-4}	2.5×10^7	1.0×10^{-11}

1) J. J. Thomson: *Philosophical Magazine* (5), **44**, 293 (1897).

表 2.2 電場と磁場による陰極線の偏向値［方法(ii)］に基づいてトムソンが得た実験結果[1]（現在の単位に換算してある）

管中のガス	陰極	電場 $N \cdot C^{-1}$	電場による偏向 m	磁場 $N \cdot A^{-1} \cdot m^{-1}$	磁場による偏向 m	速度 $m \cdot s^{-1}$	質量/電荷比 $kg \cdot C^{-1}$
空気	アルミニウム	1.5×10^4	0.08	5.5×10^{-4}	0.08	2.8×10^7	1.3×10^{-11}
空気	アルミニウム	1.5×10^4	0.095	5.4×10^{-4}	0.095	2.8×10^7	1.1×10^{-11}
空気	アルミニウム	1.5×10^4	0.13	6.6×10^{-4}	0.13	2.3×10^7	1.2×10^{-11}
水素	アルミニウム	1.5×10^4	0.09	6.3×10^{-4}	0.09	2.5×10^7	1.5×10^{-11}
二酸化炭素	アルミニウム	1.5×10^4	0.11	6.9×10^{-4}	0.11	2.2×10^7	1.5×10^{-11}
空気	白金	1.8×10^4	0.06	5×10^{-4}	0.06	3.6×10^7	1.3×10^{-11}
空気	白金	1×10^4	0.07	3.6×10^{-4}	0.07	2.8×10^7	1.1×10^{-11}

1) J. J. Thomson : *Philosophical Magazine* (5), **44**, 293 (1897).

(i) 陰極線粒子によってガラス管の端に蓄えられる熱エネルギーならびに電荷の測定値と，磁場による偏向を測定する．

(ii) 陰極線粒子に電場または磁場をかけ，その偏向を測定する．

　方法（i）は 26 回（表 2.1），方法（ii）は 7 回行われた（表 2.2）．方法（i）のうち，管 1 と管 2 から得た値は，現在の値（$0.56857 \times 10^{-11} \text{ kg} \cdot C^{-1}$）に近いものが多かった．しかし，トムソンは，これらのほぼ 2 倍の値をとる管 3 のデータを採用した．管 1 と管 2 の実験では管内気体が導電性を帯び，リーク（漏電）が生じたためと説明している．管 3 のデータが方法（ii）の結果に近かったこともその理由と考えられる．トムソンは，この粒子が，すべての元素に共通に含まれる基本的な粒子であると推定した．すなわち，これ以上は分割できないと考えられていた原子の中に，さらに小さな微粒子（corpuscle）が含まれていると結論した．トムソンが陰極線粒子と呼んだものは，その後，ストーニーの定義を変えて電子と呼ばれるようになり，電子の発見の栄誉はトムソンに与えられている．彼は，1906 年にノーベル物理学賞を受賞している．

表 2.3 トムソンの方法（ⅰ）のデータの統計処理（E−12 は×10^{-12} を表す）

m/e (kg/C)		m/e (kg/C)
5.7 E−12	平均値	5.1308 E−12
3.4 E−12	現在の測定値	5.6857 E−12
4.3 E−12	正確さ（カタヨリ）	5.5493 E−13
3.2 E−12	標準偏差（バラツキ）	1.58184 E−12
4.8 E−12		
4 E−12		
4 E−12		
3.5 E−12		
5 E−12		e/m (C/kg)
4 E−12	1/平均値	1.9490 E+11
4 E−12	現在の測定値	1.7588 E+11
3.9 E−12	正確さ（カタヨリ）	−1.9023 E+10
5.3 E−12		
4.7 E−12		
4.7 E−12		
5.3 E−12		
5.1 E−12		
5.4 E−12		
6.3 E−12		
5.3 E−12		
4.6 E−12		
6.1 E−12		
4.8 E−12		
9 E−12		
7 E−12		
1.0 E−11		

2.3 トムソンのデータの検証

表2.3は，トムソンの方法（ⅰ）のデータを統計的に取り扱ったものである．現在の測定値を仮に真の値として，26回の平均値との差をとって，「正確さ（カタヨリ）」を求めると，5.5×10^{-13} kg・C^{-1} となる．この差は現在の測定値の1/10程度である（表2.3）．一方，方法（ⅱ）のデータについて同様に取り扱うと，この差（カタヨリ）が7.2×10^{-12} kg・C^{-1} と10倍以上になっていることがわかる（表2.4）．標準偏差（データのバラツキの程度）は，方法（ⅰ）でも（ⅱ）でもあまり変化せず，それぞれ約1.6×10^{-12} kg・C^{-1}，

表2.4 トムソンの方法(ⅱ)のデータの統計処理

$m/e\,(\mathrm{kg/C})$		$m/e\,(\mathrm{kg/C})$
1.3 E−11	平均値	1.2857 E−11
1.1 E−11	現在の測定値	5.6857 E−12
1.2 E−11	正確さ（カタヨリ）	7.1714 E−12
1.5 E−11	標準偏差（バラツキ）	1.67616 E−12
1.5 E−11		
1.3 E−11		$e/m\,(\mathrm{C/kg})$
1.1 E−11	1/平均値	7.7778 E+10
	現在の測定値	1.7588 E+11
	正確さ（カタヨリ）	9.8102 E+10

$1.7 \times 10^{-12}\,\mathrm{kg \cdot C^{-1}}$ である．つまり，測定の精度は方法（ⅰ）でも（ⅱ）でもほぼ同程度であったが，方法（ⅱ）の場合は，何等かの原因で系統的な誤差が入ったものと解釈できる．

表中の平均値や標準偏差は，Excel の fx 欄に，たとえば ＝AVERAGE（A2：A27），または，＝STDEV（A2：A27）と入力する（あるいは，「挿入」メニューの「関数」をクリックし，「関数の分類」の窓に「統計」を選択して上記の文字を選択する）手続きによって簡単に求められる．

上記のように，統計的手法においては，一般に，平均値に関する検定に先立って，バラツキに関する検定を行う．その理由は，バラツキに有意差がある場合には，平均値の差の技術的意味が希薄になることが多いためである．

測定値 $x_1, x_2, \cdots, x_n$ に対する平均値 $\bar{x}$ は，次式で表される．

$$\bar{x} = \frac{1}{n}\sum_{i=1}^{n} x_i \tag{2.2}$$

分布のバラツキを表すには，下記のように，いろいろな方法がある（カッコ内は，Excel における略語）．

$$\text{範囲（MAX−MIN）} \quad R = 最大値 − 最小値 \tag{2.3}$$

$$\text{偏差二乗和（DEVSQ）} \quad S = \sum_{i=1}^{n}(x_i - \bar{x})^2 \tag{2.4}$$

分散（VARP）　　　　　$s^2 = \dfrac{S}{n}$ （2.5）

標準偏差（STDEVP）　　$s = \sqrt{\dfrac{S}{n}}$ （2.6）

不偏分散（VAR）　　　　$\sigma^2 = \dfrac{S}{n-1}$ （2.7）

不偏分散の平方根（STDEV）　$\sigma = \sqrt{\dfrac{S}{n-1}}$ （2.8）

標準偏差と不偏分散の平方根は，データの個数 n が大きくなればほとんど一致するので，実用的にはどちらを用いても差しつかえない．このため，後者も標準偏差と呼ぶことがある．本文中では，データの個数が少ないものが含まれているので，標準偏差と不偏分散の平方根では値に差が生じる．ここでは後者を用いて計算している．

2.4 電子の電荷

トムソンによる 1897 年の比電荷の測定の論文が提出されたあとでも，陰極線粒子（つまり，電子）の実在性は物理学者の間でさえ疑問視された．電子の存在を多くの人に納得させるには，電子の電荷または質量を別々に測定することが不可欠であった．

トムソンと彼の仲間のタウンゼント（John S. Townsend 1868-1957），ならびに H. A. ウィルソン（H. A. Wilson 1874-1964）は，後に霧箱の開発を行った C. T. R. ウィルソン（Charles Thomson Rees Wilson 1869-1959）の手法を使って，イオン化した水滴の挙動から電気素量 e を求めた．1903 年までの一連の研究で発表された測定値は，以下の通りである．

$$1.0 \times 10^{-19}\,\mathrm{C}, \quad 1.1 \times 10^{-19}\,\mathrm{C}, \quad 1.03 \times 10^{-19}\,\mathrm{C}$$

数値そのものは，現在の値

$$1.60217653(14) \times 10^{-19}\,\mathrm{C}$$

に比べてかなり小さいが，原子の中の微粒子の存在を証拠だてるには充分な結果であった．

1896年，ベクレル（Antoine Henri Becquerel 1852-1908）は，「ウラン線」を観測した．これは，後に**放射能**（radioactivity）と呼ばれる新しい分野を拓く最初の現象となった．ベクレルは，1899年，これらの**放射線**（radiation）のうち，β線は磁場によって陰極線と同じ向きに曲げられることを発見した．1900年，キュリー（Pierre Curie 1859-1906）らは，β線の比電荷が陰極線のそれと同程度の値を持つことを明らかにした．1901年，トムソンは，光電効果から生ずる荷電粒子（電子）の比電荷を測定した．また，その電気量 e を測定して上述の値と比べ，光電効果の荷電粒子，β線，ならびに陰極線粒子は，発生源は異なるが，同一の粒子であるとした．

　このようにして，物質の離散性あるいは粒子性に関する実験的証拠がつぎつぎと見出された．

　電子の電荷（電気素量に負号をつけたもの）の正確な値は，ミリカン（Robert Andrew Millikan 1868-1953）によって1906年から1910年にかけて測定された．ミリカンは，トムソンらの水滴法を鉱油を用いる油滴法に変更することにより，水滴の表面からの蒸発を無視できるほど小さくすることで，電気素量として以下の値を得た．

$$1.592(3) \times 10^{-19} \, \text{C}$$

　この値は現在の値に比べて1％も異なっており，カタヨリの値が精度（0.003×10^{-19} C）を大幅に上回っている．その原因は，主として空気の粘性の測定値が異なっていたためであるとされている．

演 習 問 題

[1] ミリカンの電気素量の値と，当時知られていたファラデー定数 $F = 96500$ C・mol^{-1} を用いてアボガドロ数 N_A を求めよ．

[2] ミリカンの電気素量の値と，当時知られていた水素イオンの質量/電荷比 1.045×10^{-8} kg・C^{-1} を用いて水素イオンの質量 M_H を求めよ．

[3] ミリカンの電気素量の値と，当時知られていた電子の質量/電荷比 0.54×10^{-11} kg・C^{-1} を用いて，電子の質量 m を求めよ．

［ 4 ］ 水素原子の原子量を 1.008，金の原子量を 197，密度を 1.93×10^4 kg・m^{-3} とし，金原子が立方体を隙間なく積み上げた形で固体を形作っていると仮定して，その直径のおよその値を求めよ．上記の問の答のうち，必要な数値があれば用いること．

第 3 章　原 子 構 造

　本章では，トムソン，ラザフォード，ボーアという，周期表や化学にとりわけ関心が深かった科学者の考え方をとりあげる．水素原子の中の電子のエネルギーはとびとびである（量子化している）というボーアの仮説によって，バルマーの式の整数の意味がついに解明されたのである．章末には，周期表の完成に決定的な役割をはたしたモーズリーの実験について述べる．彼は X 線吸収スペクトル（蛍光 X 線）の測定により原子番号（原子核の電荷）を算出する実験式を導出した．この式は，バルマーの式ときわめてよく類似している．

　コンピューターの高度な利用法として，サイエンティフィック・ビジュアリゼーションがある．本章では，この技法を用いたラザフォードの実験（模擬実験）を紹介する．また，カタヨリやバラツキという統計量についても復習する．

3.1　いろいろな原子模型

　原子を構成する基本的粒子として負の電荷を持つ電子が含まれているとすると，原子の残りの部分は正の電荷を持っていなければならない．この正の電荷を持つ部分は何なのだろうか．

　トムソンは，電子を発見したとされる 1897 年の論文の中で，すでにこの原子の構造に関する考察を加えている．すなわち，1878 年に行われたマイヤー（Alfred M. Mayer 1836-1897）の浮遊磁石の実験から，原子内の電子が層状または殻状に配列した模型が考えられ，こ

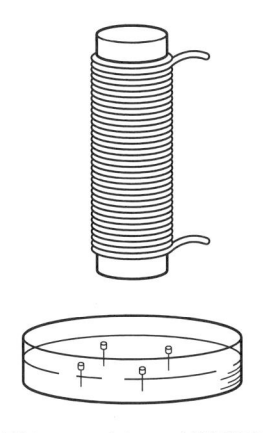

図 3.1　マイヤーの浮遊磁石の実験

れは，原子の化学的性質の規則性（すなわち，**周期律** periodic law）の原因が電子にあることを示すものだと予想している．マイヤーの実験というのは，図3.1に示すように，小さなコルク栓に磁針を通し，これを水面に浮かべて互いに反発させ，上部に電磁石を置いてこれが中心引力として作用するときの平衡配列を観察したものである．実験によると，たとえば，小磁針を 2, 9, 19, 34 と増すに従って，中心の 2 個の磁針を外側の 7 個の磁針が取り囲み，さらに 10, 15 個の殻が取り囲むというようなパターンが繰り返される．このように，反発する複数の磁石において類似の形が周期的に現れることから，反発する電子の周期的な配置で元素の周期律の説明が可能になると推測している．

　トムソンは，その後この考え方を発展させ，図 3.2（a）に示す陽球模型と呼ばれる原子構造を提案している．電子は，ちょうどスイカの中の種のように，正に帯電した連続的な組織体の中に埋め込まれているという考え方である．

　一方，長岡半太郎（1865-1950）は，1901 年，土星型の原子模型（図 3.2(b)）を提案した．長岡は，陽電荷球の内部を大きさを持った電子が自由に動くとい

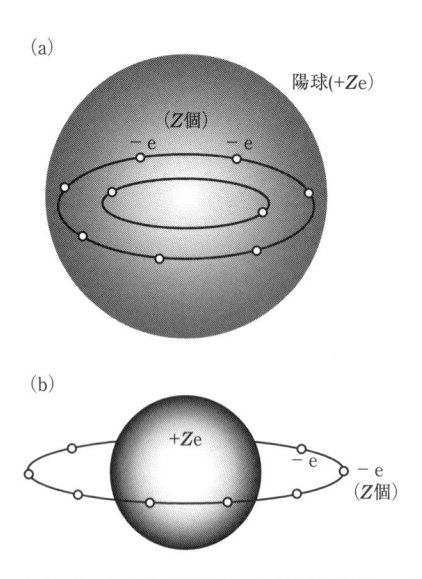

図 3.2　トムソンの陽球模型（a）と長岡の土星モデル（b）

う「電荷の相互浸透性」を受け入れなかった．

　長岡もトムソンも電子リングを考えたが，長岡のリングは陽電荷球の外側であるのに対して，トムソンのリングは内側である点が異なっていた．

3.2　希ガスの発見

　1895年，ラムゼー（William Ramsay 1852-1916）は，クレーブ石（ウラン鉱物の変種）から得られた気体のスペクトルが，太陽スペクトル中の未知の元素ヘリウムと一致することを観測した．これは，地上におけるヘリウムの発見として位置づけられている．ラムゼーは希ガスの権威で，アルゴン，ネオン，クリプトン，キセノンの発見や命名にもかかわっている．1902年，放射性の希ガスのラドンが発見された．物理学者ラザフォード（Ernest Rutherford 1871-1937）と化学者ソディ（Frederick Soddy 1887-1956）の共同研究として発表されたこの論文は，トリウムからラドンが生成する（ある元素から別の元素ができる）ことを示した点で重要である．

　ラザフォードは，1903年から1906年にかけて，α線の質量/電荷比（M_a/e）を測定し，この値が水素イオンの M_H/e の約2倍であることを見出し，α線はヘリウムイオン（He^{2+}）であろうと推定した．1908年には，ロイズ（Thomas Royds 1884-1955）の助力を得て，ラジウムからのα粒子を集めた容器中の放電が，ヘリウムのスペクトル線を与えることを見出している．

3.3　ラザフォードの実験のシミュレーション

　ラザフォードは，1907年，ガイガー（Hans Wilhelm Geiger 1882-1945）を指導して，薄い金属箔にα粒子を通過させたときの散乱に関する研究を開始した．1909年，ガイガーとマースデン（E. Marsden）は，図3.3に示す装置を用い，金箔にRaC（$^{214}Bi^{83}$）から出るα粒子を照射したところ，90°あるいは，それ以上にも曲げられる（大角散乱が起こる）ことを報告した．1911年，ラザフォードは，このような大角散乱は，図3.2(a)に示したトムソンの陽球型の原子模型では起こり得ないとする論文をとりまとめた．α粒子が厚さ

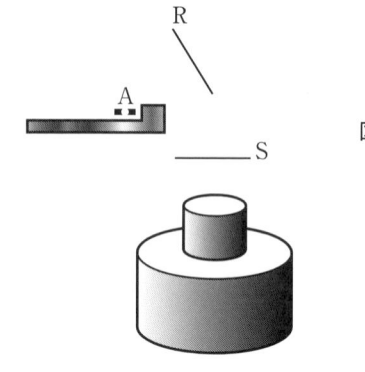

図 3.3 ガイガーとマースデンの実験装置の概念図
A は鉛板に載せた α 線源 (RaC),R は金属箔,S は α 粒子のシンチレーションを発する硫化亜鉛の板.その下方には観測装置が描かれている.

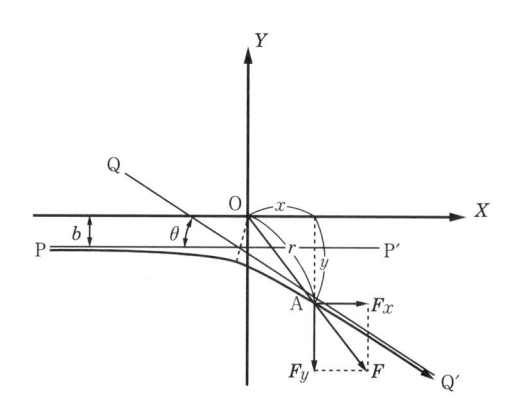

図 3.4 ラザフォードの実験における散乱角 θ および衝突係数 b
重い原子核が原点 O にあり,α 粒子が X 軸に平行に b だけ離れて入射したとき,PAQ′ のように双曲線を描いて運動する.PP′,QQ′ はこの双曲線の漸近線で,散乱角 θ はこれらの 2 つの漸近線のなす角である.

4×10^{-7} m の金箔を通過するとき,散乱される角度(図 3.4 における θ)の最確値は 0.870 であった(ほとんどが直進した)が,20000 回に 1 回程度の割合で,α 粒子が入射方向と反対の方向($\theta > 90°$)に散乱された.陽球模型ではたくさんの小角散乱の繰り返しでこのような大角散乱に達する可能性は考えられない.そこで,ラザフォードは,図 3.4 の原点 O を原子の中心とし,ここに正電荷 Ze を置き,原子半径 R の球内に一様に配分されている負電荷

$-Ze$ で囲まれているモデルを考案した．質量 m，初速度 v_{x_0}（$v_{y_0} = 0$），電荷 $2e$ を持つ α 粒子が左方向から X 軸に平行に b だけ離れて入射したときの運動方程式を解く（負電荷 $-Ze$ による電場は無視する）と，双曲線 PAQ の飛跡を描くことが求められる．双曲線の漸近線 PP′，QQ′ のなす角 θ を散乱角，上記の b を衝突係数という．

ラザフォードは，衝突係数 b と散乱角 θ の間には，理論上，つぎの関係があることを計算で示した．

$$\tan\frac{\theta}{2} = \frac{2\,Ze^2}{M_a b v_{x_0}^2} \tag{3.1}$$

図 3.5 に，α 粒子の飛跡をコンピューターでシミュレートした結果を示した．ただし，α 粒子の質量 M_a，初速度 v_{x_0} として，以下の値を用いた．Ze は金属箔の各原子の中心電荷である．

$$M_a = 6.64 \times 10^{-27}\,\text{kg} \tag{3.2}$$

$$v_{x_0} = 1.55 \times 10^7\,\text{m}\cdot\text{s}^{-1} \tag{3.3}$$

図 3.4 の原点から紙面の上方に Z 軸があるものとすると，X 軸から b だけ離れた点の集まりは，YZ 平面上の半径 b の円になる．したがって，いろいろな衝突係数 b の値に対する散乱角 θ の値を計算して図示すれば，射撃の的のような図形が描けることになる．図 3.5 では，これが左側に描かれている．散乱角 θ の数値は，左側上部に，上から下にいくに従って小さな円（小さな b）に対応するように記してある．左側下部の数値は衝突係数 b の値が記してある．

この図からわかるように，たとえば 90° というような大角散乱が起こるためには，非常に小さな的を当てなければならない．ラザフォードは，このような大角散乱が起こる比率の実験結果から，金などの原子の中心電荷 Ze の部分が占める断面積は，原子の断面積のたかだか 10^{-8} の大きさしかないことを結論した．ラザフォードは，この中心電荷の部分を，後に **原子核** (atomic nucleus) と名づけた．

金の原子の直径を約 3×10^{-10} m とすれば，原子核の直径は，約 3×10^{-14}

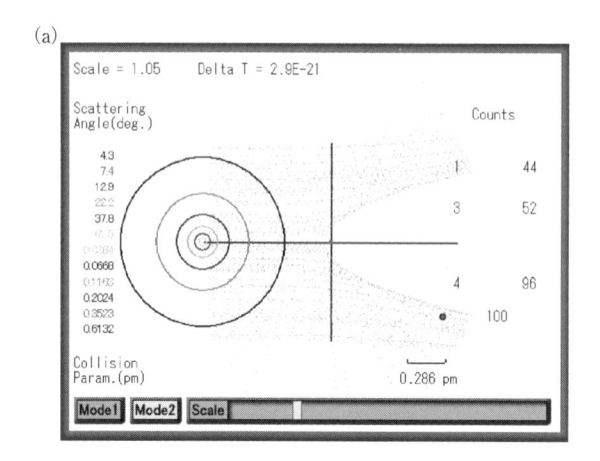

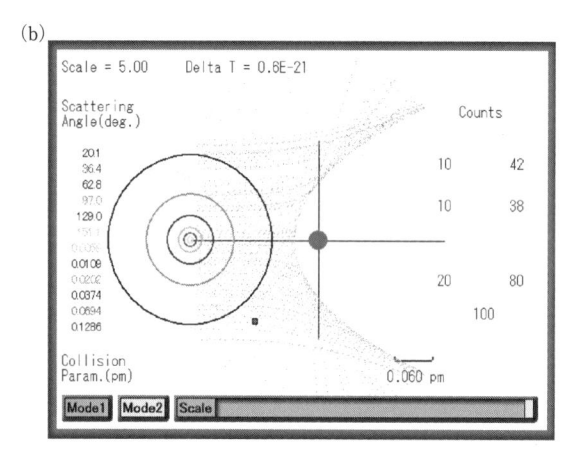

図 3.5 ラザフォードの実験のコンピューター・シミュレーションの結果（実際は動画で出力される）
このソフトウエアでは，表示領域を変化させて，α粒子の大部分が直進する様子 (a) と大角散乱が起こる様子 (b) の両方をシミュレートできる．右側の数値は上段左が第2象限，中段左が第3象限，上段右が第1象限，中段右が第4象限への散乱数を示している．下段の2つの数字はそれぞれの合計である．全体として100個のα粒子が左方からランダムに照射されるようにプログラムしてある．

m ということになる．図 3.5 では，原子核の大きさが原点に小さな円で描かれている．

ラザフォードは，このようにして，α粒子の大角散乱は，小さくて重い正の

電荷を持った原子核によってその飛跡が曲げられるために起こると結論した．1911年の論文の中で，彼は長岡の土星モデル（図3.2 (b)）の性質に注目するのは興味深いと記している．

3.4 ボーアの量子論

デンマークの物理学者ボーア（Niels Bohr 1885-1962）は，ラザフォードの原子模型を基礎に研究を進めた．その理由は，放射能などの原子核にもとづく現象と，周期律などの化学現象（つまり，電子にもとづく現象）をはっきり区別できるからであったといわれている．

ラザフォードの実験により，原子は原子核と電子からなることが明らかになったが，本書の冒頭で述べたバルマーの式 (1.1) の意味は依然として不明のままであった．1913年，ボーアは，古典物理学のみでは原子の世界の現象を説明できないという立場から，次の二つの仮定をおいた．

（ⅰ）原子の中の電子は，いくつかのとびとびのエネルギー E_1, E_2, ⋯, E_n, ⋯を持つ状態だけをとり得る．これを**定常状態**（stationary state）と呼ぶ．

（ⅱ）原子からの光の出入りは，異なる定常状態 E_m, E_n の間で電子が移動するときにのみ起こる．このとき出入りする光の振動数 ν は

$$h\nu = |E_m - E_n| \tag{3.4}$$

で与えられる．

ただし，h は，1900年にプランク（Max Planck 1858-1947）によって導入された定数で，その値は以下の通りである．

$$h = 6.6260693(11) \times 10^{-34} \, \text{J} \cdot \text{s} \tag{3.5}$$

これらの仮定は，エネルギーの離散性（エネルギーの**量子化** quantization）の概念を含んでおり，古典物理学の考え方から逸脱している．ボーアの理論によれば，水素原子の中の電子の定常状態のエネルギー E_n およびその円軌道の半径 r_n は

$$E_n = -\frac{2\pi^2 k_0^2 m e^4}{n^2 h^2} \quad (n = 1, 2, 3, \cdots) \tag{3.6}$$

$$r_n = \frac{n^2 h^2}{4\pi^2 m e^2 k_0} \quad (n = 1, 2, 3, \cdots) \tag{3.7}$$

と表される.ただし,k_0 は真空誘電率 ε_0 に 4π をかけたものの逆数で下式の値を持つ.

$$k_0 = 8.9875518 \times 10^9 \, \text{N} \cdot \text{m}^2 \cdot \text{C}^{-2} \tag{3.8}$$

上式に電子の質量 m と電気素量 e の最新の値を代入して計算すると,以下のようになる.

$$E_n = -\frac{13.6}{n^2} \, \text{eV} \quad (n = 1, 2, 3, \cdots) \tag{3.9}$$

$$r_n = n^2 a_0 \quad (a_0 = 52.9 \, \text{pm}, \, n = 1, 2, 3, \cdots) \tag{3.10}$$

水素原子の中の電子のエネルギーは,式 (3.9) で表されるようにとびとびである(量子化されている).n を**量子数**(quantum number)という.式 (3.10) における a_0 は最もエネルギーが低い円軌道の半径で,これを**ボーア半径**(Bohr radius)という.

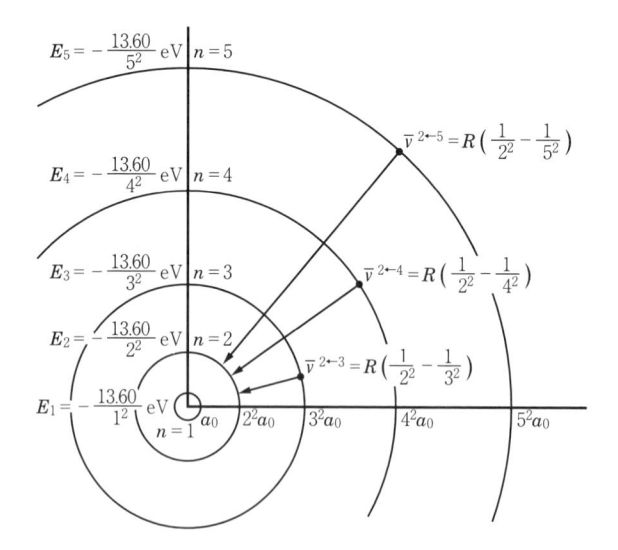

図3.6 ボーアの仮説による水素原子中の電子の軌道半径($n^2 a_0$)とそのエネルギー E_n ならびにバルマー系列の線スペクトルとの対応関係(エネルギーについては正しいが,軌道概念は実際とは異なることが後日明らかにされた)

ボーアの理論は，水素原子の輝線スペクトルをきわめて明快に説明することができた．図3.6に示すように，バルマー系列のスペクトル線の由来は，$n \geq 3$の各軌道から$n = 2$の軌道への電子の移動（遷移）として理解される．また，紫外部のライマン系列は，$n = 1$の軌道への遷移，赤外のパッシェン系列は，$n = 3$の軌道への遷移と考えると，実測の結果ときれいに一致した．さらに，当時は知られていなかった$n = 4$や$n = 5$の軌道への電子遷移にもとづく線スペクトルの位置も，理論的に計算して予測することができた．これらは，後に**ブラケット系列**（Brackett series）（1922年）ならびに**プント系列**（Pfund series）（1924年）としてその存在が確かめられた．

ボーアは古典物理学の常識を破ってエネルギーや量子化の概念を導入したが，ここには波動論にもとづく量子力学的な考え方は含まれていない．そこで，この取り扱いを**前期量子論**または**古典量子論**（classical quantum theory）と呼ぶことがある．

3.5 モーズリーによる原子核の電荷の測定

1897年，リュードベリは，周期表の諸元素に**原子番号**（atomic number）をつけ，元素の周期性は原子番号にもとづくという考え方を提出し，その周期は，$4p^2$（$p = 1, 2, 3$）で現れるという着想を発表した．1913年，ファン・デァ・ブレック（Antonius van der Broek 1870-1926）は，原子核の正電荷数（つまり，電子数）は，原子番号に等しいという仮説を初めて述べ，独自の周期表を提案した．しかし，これらの周期表における原子番号の数値は，現在の数値とは大幅に異なるものが多かった．当時は原子番号を実測で求める方法がなかったのである．

1913年から1914年にかけて，モーズリー（Henry Gwyn-Jeffreys Moseley 1887-1915）は，X線が物質に当たったときに発生する二次的な放射線（特性X線または蛍光X線）が，原子番号の測定（つまり原子核の電荷の測定）に利用できることを示した．すなわち，CaからAgまでの元素については，$K\alpha$線と呼ばれる最短波長の特性X線の振動数$\nu(K\alpha)$が，次式で表されること

を明らかにした．

$$\nu(K\alpha) = \nu_0(Z-1)^2\left(\frac{1}{1^2} - \frac{1}{2^2}\right) \tag{3.11}$$

また，Zr から Au までの元素では，Kα 線の波長が短すぎて観測しにくかったために，Lα 線の振動数 $\nu(L\alpha)$ を計測し，次式を導いた．

$$\nu(L\alpha) = \nu_0(Z-7.4)^2\left(\frac{1}{2^2} - \frac{1}{3^2}\right) \tag{3.12}$$

上の 2 つの式において，ν_0 は，リュードベリ定数 R_H と光速 c から次式で得られる．

$$\nu_0 = R_H \cdot c \tag{3.13}$$

式 (3.12) における 7.4 という項は，K 殻電子によるしゃへい効果を表している．Z は，周期表において元素の場所を示す番号（原子番号）である．このようにしてモーズリーは，原子構造についての理論を全く用いずに，特性 X 線の測定値だけから，原子番号 Z という整数値が元素の性質を表すものであることを結論した．この方法によれば，未知元素の数も正確にわかった．たとえば，Al と Au の間には 3 個の元素（原子番号 43，61 および 75）が発見されるはずで，その数は，3 個以外ではあり得ないことを確信をもって予言できたのである．

演 習 問 題

[1] ラザフォードの実験において，α 粒子が金の原子核に正面衝突する方向から進入したと考えると，α 粒子は，ある距離まで近づいて静止し，α 線源に向けて真っ直ぐに跳ね返される．α 粒子が最初に持っていた運動エネルギー E_∞ を 1.6×10^{-12} J，金の原子番号（当時は不明であった）を 79 として，α 粒子が静止したときの原子核の中心からの距離 r_{min} を求めよ．

[2] ボーアが求めた水素原子の中の電子のエネルギーを表す式 (3.6) と次式 (3.14) から，リュードベリ定数 R_H を計算せよ．ただし，光速 c の値は，2.99792458×10^8 m・s^{-1} とせよ．

$$c = \nu\lambda \tag{3.14}$$

[3] 下の表は，モーズリーの1913年の論文で報告された原子核の電荷 Ze の測定値 Z^{obsd} である．原子番号 N の真の値は整数値であるとして，それぞれの誤差 $N - Z^{\mathrm{obsd}}$ を求め，その平均値（カタヨリ）ならびに標準偏差（バラツキ）を計算せよ．

表 モーズリーの測定値

元素	Z^{obsd}	N	原子量	元素	Z^{obsd}	N	原子量
Ca	20.00	20	40.09	Fe	25.99	26	55.85
Ti	21.99	22	48.1	Co	27.00	27	58.97
V	22.96	23	51.06	Ni	28.04	28	58.68
Cr	23.98	24	52.0	Cu	29.01	29	62.57
Mn	24.99	25	54.93	Zn	30.01	30	65.37

第 4 章　不確定性原理

　光子や電子を量子力学的粒子と呼ぶことがある．それは，これらの粒子がボーアが考えたような古典的粒子ではなく，波動の性質をあわせ持っているからである．本章では，光や電子のありさまをコンピューター・グラフィックスを用いてシミュレートすることにより，それらの波動性を視覚的に確かめる．この模擬実験は，不確定性原理という量子力学的粒子に対する基本原理を説明するときに有用である．本章は，不確定性原理の数式を各自が導出して納得できることを目的に構成されている．

4.1　光の波動性のシミュレーション

　ホイヘンス (Christian Huygens 1629-1695) は，光の**波動説** (wave theory) を唱え，ニュートン (Isaac Newton 1642-1727) は，光の**粒子説** (corpuscular theory) を主張した．1800 年代の初頭，ヤング (Thomas Young 1773-1829) とフレネル (Auguston Fresnel 1788-1827) は，光の**回折** (diffraction) と**干渉** (interference) の研究から，波動説が正しいことを実験的に明らかにした．

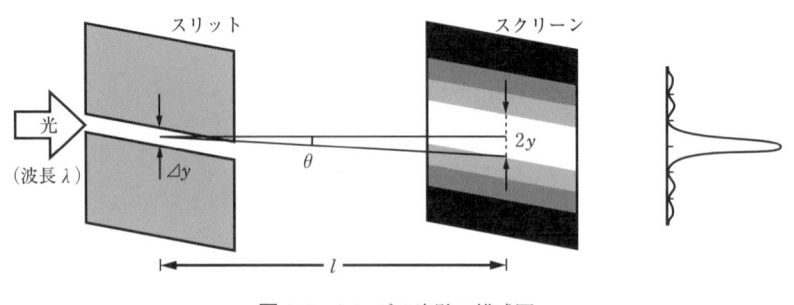

図 4.1　ヤングの実験の模式図

4.1 光の波動性のシミュレーション

図 4.1 は，ヤングの実験の模式図である．位相のそろった波長 λ の光を幅 Δy のスリットに通すと，充分な距離 l だけ離れたスクリーン上に**干渉縞** (interference fringes) が観察される．干渉縞の最も明るい点と最初の暗部の距離を y とすると

$$y = \frac{l\lambda}{\Delta y} \tag{4.1}$$

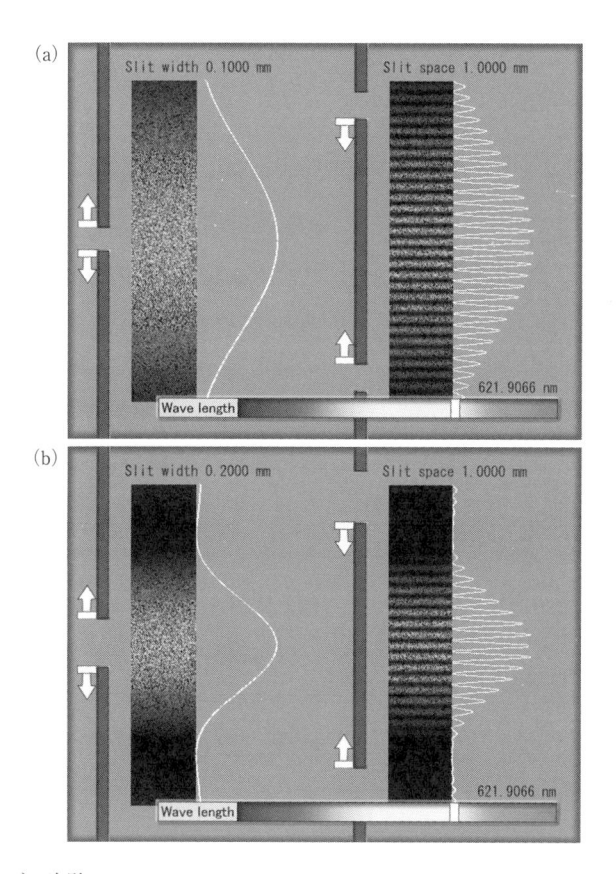

図 4.2 ヤングの実験のシミュレーション
単スリット幅が狭いときはそれによって生じる干渉縞の幅（各図の左側）は広く (a)，スリット幅を広げると干渉縞の幅は狭まる (b)．各図の右側には，左側と同じ幅のスリットを 2 つ持つ複スリットの間隔の変化によって生じる干渉縞の様子が描かれている．

の関係がある．このとき，中央部に最も近い暗部から暗部の距離は $2y$ となるが，それ以外の暗部と暗部の最短距離は y となる．

図 4.2 は，ヤングの実験をコンピューターでシミュレートした結果である．スリット幅（Δy；図の左側の矢印部分）を広げると，Δy が大きくなるのに従って y が小さくなることが理解される．また，各図の右側のように，2 つのスリット（スリット間隔 Δd）を用いると，Δd が大きくなるのに従って干渉縞がより細かくなることもシミュレートできる．このとき，細分された暗部から次の暗部までの距離を d とすると，次の関係がある．

$$d = \frac{l\lambda}{\Delta d} \qquad (4.2)$$

ヤングは，干渉縞の明部は，2 つの光の波の位相がそろっているので強め合い（図 4.3 (a)），暗部では，位相が反対である（1/2 波長のずれがある）ために打ち消しあう（図 4.3 (b)），つまり，この現象は光が波であると考えて初めて説明できることを明らかにした．

図 4.2 の二重スリットの実験において，たとえば上のスリットをふさいだ場合は，単スリット（つまり左側の図）の模様が観察できる．下のスリットをふさいだ場合も同様である．これら 2 つの模様は，Δd だけ移動しているだけで同じ

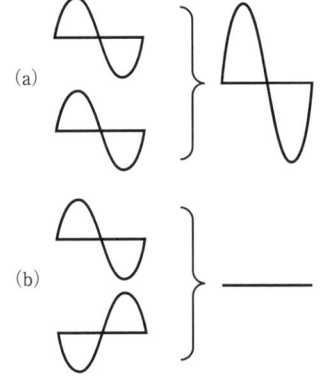

図 4.3 同位相の波による強めあい (a) と，反対位相の波（たとえば 1/2 波長のずれを持つ波）による打ち消しあい (b)

パターンであるから，両者を加えあわせても，二重スリットのときのパターンとは一致しない．単スリットによるパターンが粒子の流れによるものとすると，これらは常に強めあい，二重スリットによるパターンと一致しなければならない．しかし，実際には一致しないので，観察される二重スリットによるパターンは，波の重ねあわせにより強めあったり弱めあったりする（つまり干渉

する）と考えなければ解釈できない．

4.2 光の粒子性

1864年，マクスウェル（James Clerk Maxwell 1821-1879）は，電磁場の考え方を数式化し，波の性質を持つ光は**電磁波**（electromagnetic wave）であると結論した．19世紀の後半は，光の波動説の全盛時代で，粒子説はほとんど影をひそめた．しかし，その後すぐに，光の粒子性を考えなければ説明のつかない現象がつぎつぎと見出された．

物体は高温になると赤みを帯び，さらに温度を上げると白熱状態になる．このような物体から放射される光のエネルギー分布を求めた実験の結果は，光の波動説ではどうしても解釈できなかった．1900年，プランクは，この実験結果を説明するために，光はエネルギーを一定の単位量で運ぶという概念を提唱した．プランクが導入したこの単位量のことを，**エネルギー量子**または**作用量子**（quantum of action（Wirkungsquantum））といい，プランク定数（Planck constant）h で表す（式（3.5））．エネルギー量子をもとにした考え方を，プランクの**量子仮説**（quantum postulate）という．

量子仮説を用いると，物体から放射される光のエネルギー分布をよく説明する公式を導くことができた．1905年，アインシュタイン（Albert Einstein 1879-1955）は，この考え方をさらに進めて，光の粒子説を裏付ける新しい理論を導いた．この理論によれば，光は，その振動数を ν とするとき

$$c = \nu\lambda \tag{4.3}$$

で示される速度 c で進む不連続なエネルギー粒子で，そのエネルギー E は次式で与えられる．

$$E = h\nu \tag{4.4}$$

このエネルギー粒子のことを，**光量子**（light quantum）または**光子**（photon）という．この理論は，1902年にレナード（Philips Lenard 1862-1947）が発見していた光電効果の実験結果を明快に説明することができた．

光電効果（photoelectric effect）は，金属の表面に光を当てると電子が放出

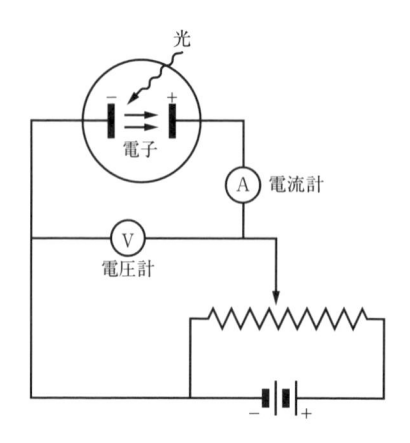

図 4.4 光電効果の実験の概念図

される現象である（図 4.4）．実験を行うと，以下の結果が得られる．

(i) 光の波長 λ がある値 λ_0 以下（したがって振動数 ν がある値 ν_0 以上）では，どんなに弱い光でも電子が飛び出す．

(ii) 光を強くしても飛び出す電子の速度は変わらず，その数だけが光の強さに比例して増加する．

(iii) 光の振動数が ν_0 より小さいときは，どんなに強い光でも電子は飛び出さない．

　光を古典的な電磁波と考えると，光が強ければ波長や振動数には無関係に電子が飛び出し，その速度は光の強さに依存するはずである．しかし実験結果は，このような予想とは全く異なっている．これに対し，新しい光量子説に従うと，1 個の光量子がある確率でそのエネルギー $h\nu$ を 1 個の電子に与えて金属面から飛び出させると考えると，全ての実験結果が見事に説明できる．

　量子仮説にもとづく光量子説を受け入れることにすると，光は波動と粒子の両方の性質を持つと考えなければならないことになる．しかし，このことによって，光電効果ばかりでなく，前章で述べたようなボーアによる水素原子のスペクトルの解釈をはじめ，コンプトン効果や光化学反応なども合理的に説明できるようになる．このようにして，量子仮説の意義に対する認識も次第に深まっていったのである．

4.3　電子の波動性

　波動と考えられていた光が粒子性を持つならば，粒子と考えられてきた電子が波動としての性質を兼ね備えていてもおかしくはない．1924 年，ド・ブロイ（Louis de Broglie 1892-1987）は，このような着想から物質の波動論を導

いた．

ド・ブロイの理論によれば，質量 m，速度 v を持って運動している粒子，すなわち，運動量

$$p = mv \tag{4.5}$$

を持って運動している粒子には，波長

$$\lambda = \frac{h}{p} \tag{4.6}$$

で表される波が伴う．

この考え方が正しいとすると，電子にも波の特徴である回折や干渉が観察されるはずである．1927 年，G. P. トムソン (George Paget Thomson 1892-1975) は，金の薄膜に電子線を照射し，電磁波の一種である X 線を照射した場合と同様の**回折環** (diffraction rings) が得られることを示した．

4.4 気体電子線回折のシミュレーション

図 4.5 は，等核 2 原子分子の気体電子線回折における散乱強度をコンピューターでシミュレートしたものである．光の干渉縞（図 4.2）の場合，スリット幅を減少させると干渉縞の間隔が増大した．電子線の場合もこれと同じように，2 原子分子の原子間距離を減少させると干渉縞の間隔が増大する．

電子線回折図を解析すると，分子の構造に関する知見が得られるので，この種の実験は分子構造論の立場から有用な手法となっている．

4.5 不確定性原理

1927 年，ハイゼンベルク (Welner Heisenberg 1901-1976) は，粒子の位置と運動量のどちらか一方を確定しようとすれば，他方はどうしても不確定になることを，いくつかの思考実験によって説明した．これを**不確定性原理** (uncertainty principle) という．

x, y, z 方向の位置の不確定さを $\varDelta x$, $\varDelta y$, $\varDelta z$，運動量の不確定さを $\varDelta p_x$, $\varDelta p_y$, $\varDelta p_z$ とするとき，この原理は次式で表される．

(a)

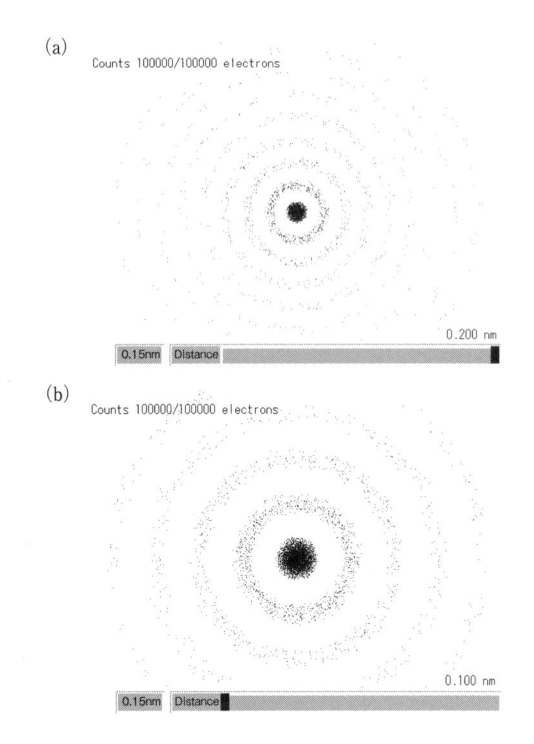

(b)

図4.5 等核2原子分子の気体電子線回折（コンピューターシミュレーション）
2原子分子の原子間距離は右下に示してある．

$$\left.\begin{array}{r} \Delta x\, \Delta p_x \fallingdotseq h \\ \Delta y\, \Delta p_y \fallingdotseq h \\ \Delta z\, \Delta p_z \fallingdotseq h \end{array}\right\} \quad (4.7)$$

図4.6は，運動量 p の電子線が幅 Δy のスリットを通過する際に生ずると考えられる干渉縞の模式図である．図4.1のヤングの実験と同じように回折，干渉が起こるものとすると，電子線が通過するスリットの幅 Δy を小さくすると，p の y 成分 Δp_y は大きくなる．位置を確定しようとする（つまり，$\Delta y = 0$ に限りなく近づけようとする）と，運動量の不確定さ Δp_y は無限大となる（式(4.1)から類推できる）．一方，運動量を確定しようとする（つまり，$\Delta p_y = 0$ に限りなく近づけようとする）ことは，無限に広いスリットを用いなけれ

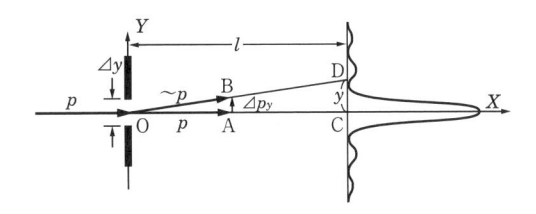

図 4.6 単スリットによる電子線の仮想的な回折による干渉縞の模式図
位置の不確定さ Δy と運動量の不確定さ Δp_y.

ばならないことになり，位置の不確定さ Δy が無限大になってしまう．

量子力学（quantum mechanics）では，粒子の位置と運動量を精密に記述するかわりに，粒子がある位置と運動量を持つ確からしさ，つまり**確率**（probability）を使う．この確率は，シュレーディンガーの**波動方程式**（wave equation）を解くことによって求められる．

演 習 問 題

[1] x V（ボルト）で加速された電子の波長は式（4.8）で与えられる．
$$\lambda = \sqrt{\frac{1.50 \, \mathrm{nm}^2 \cdot \mathrm{V}}{x}} \qquad (4.8)$$
150 V または 15.0 kV で加速された電子の波長を求めよ．

[2] x V で加速された電子の運動エネルギー T は式（4.9）で表される．
$$T = ex \qquad (4.9)$$
電子の質量を m，速度を v とすると，T は式（4.10）で表される．
$$T = \frac{1}{2} mv^2 \qquad (4.10)$$
式（4.5）の関係を用いて式（4.10）から v を消去し，式（4.9）と等しいとおき，ド・ブロイの式（4.6）を用いて，λ の式を求めよ．

[3] 問 [2] で求めた式に m, e, h の値を代入し，式（4.8）を求めよ．

[4] もしも電子を光の速度にまで加速することができたとすると，その波長はどのような長さになるか．式（4.6）を用いて有効数字5桁で計算せよ．

第5章 定常波

　ボーアの前期量子論は水素原子のスペクトルを見事に説明した．しかし，電子のエネルギーの量子化のさせ方が不自然ではないかという批判もあった．「自然な量子化」を達成させて見せたのは，シュレーディンガー（次章）である．両者の違いはどこにあるかというと，ボーアは電子を粒子として取り扱ったのに対し，シュレーディンガーは波動性を持つ粒子（量子力学的粒子）として取り扱った点にある．電子が波動の性質を持つことを無視しては，電子の状態を表す基本的な方程式を導出することはできなかったのである．

　本章では，定常波についてコンピューターの波形出力や音声出力を援用して調べ，波動性を考えるとどうして自然な量子化が達成できるのかを学ぶ．

5.1　Mathematica による 1 次元の定常波のシミュレーション

　Mathematica は，1988 年に Wolfram Research 社から発売された科学技術計算用のソフトウェアで，世界中の多くの大学で標準ソフトウェアとして採用されている．複雑なプログラミングにも対応しているが，単に数式を入力するだけで，音を出したり，図形を描いたりという多彩な出力を得ることができる．

　本節では，以下のようにして定常波の音と波形を出力させてみることにする．

　Mathematica が搭載されているパソコンで，そのアイコン（icon：プログラムやファイルなどを象徴的に表す絵）をクリックすると，ノートブックと呼ばれる入力画面が現れる（図 5.1）．440 Hz の音と，その倍音，3 倍音については，図 5.1 の 2 行を入力して，Shift キーを押しながら Enter ↵ を押すだけでよい．大文字と小文字，空白などは正確に入力する．Play に続く [ ]

5.1 Mathematica による 1 次元の定常波のシミュレーション　　49

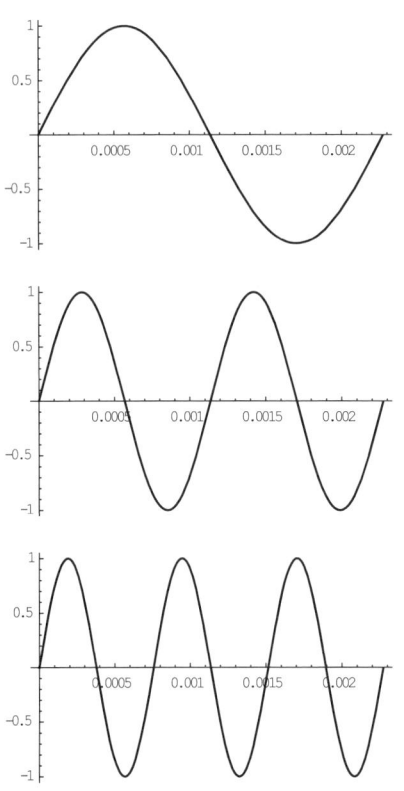

```
Do[Play[Sin[6.28 440 n t], {t, 0, 1}], {n, 1, 3}];
Do[Plot[Sin[6.28 440 n t], {t, 0, 1/440}], {n, 1, 3}]
```

図 5.1　Mathematica によるサウンドの発生とその波形
　　　（2 行目の命令の波形のみ示した）

内は音を出す命令で，ここでは，時刻 t における波形が $\sin(2\pi \times 440\ nt)$ であるものを，0 秒から 1 秒間発生させよという命令になっている．空白は掛け算の記号とみなされる．全体を囲んでいる Do という命令は，先の Play 命令を，n の値を 1 から 3 まで 1 つずつ増加させて 3 回繰り返せという指示である．

　最初の 3 つの図形は，440 Hz，880 Hz，1320 Hz の音に対応する出力である．これは，1 秒間の図では細かすぎてよくわからない．1/440 秒に短縮した

ものが，2 行目の Plot 命令である．対応する出力は図 5.1 の下に描かれている．

5.2 定常波と量子化

ギターの弦をはじくと，その密度や張力によって，ある一定の高さの音が聞こえる．このときの振動の様子を調べてみると，図 5.2 に示すようにある特定の定常波しか含まれていないことがわかる．(a) は主音（基本振動数）と呼ばれる．(b)，(c)，…は，それぞれ，倍音，3 倍音，…と呼ばれ，ギターの音に音色や音質を与えるとされている．弦の長さを L，波の波長を λ_n とすると，図から，以下の関係が導ける．

$$L = n\left(\frac{\lambda_n}{2}\right) \quad (n = 1, 2, 3, \cdots) \tag{5.1}$$

定常波（stationary wave）では，主音（$n = 1$）に対して，整数倍の波しか許されないのが特徴である．弦に発生する横波の速度 v は，弦の密度 ρ と張力 T で次式のように決まる定数である．

$$v = \sqrt{\frac{T}{\rho}} \tag{5.2}$$

定常波の振動数を ν_n とすると

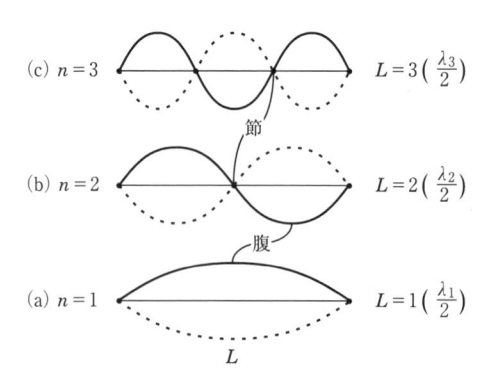

図 5.2 両端を固定された弦に起こる定常波
(a) 主音（基本振動のみ），(b) 倍音，(c) 3 倍音．

であるから，式 (5.3) の λ_n を式 (5.1) に代入して整理すると

$$\nu_n = \frac{v}{2L} n \quad (n = 1, 2, 3, \cdots) \tag{5.4}$$

となり，一定の長さ L の弦に起こる定常波の振動数 ν_n はとびとびである（量子化されている）ことが理解できる．

5.3 波の方程式

弦などに起こる 1 次元の波 $f(x,t)$ に対する波動方程式の一般形は，次式で表される．

$$\frac{\partial^2 f(x,t)}{\partial x^2} - \frac{1}{v^2} \frac{\partial^2 f(x,t)}{\partial t^2} = 0 \tag{5.5}$$

図 5.2 において，n の値が整数しかとれない訳は，弦の両端が固定されていて，一方から来る**進行波**（progressive wave）が反対方向に反射され，それらの合成波は常に両端に**節**（振動しない点，node）を持つからである．$n = 1, 2, 3, \cdots$ のときの節の数は，図に示すように，$2, 3, 4, \cdots$ 個というように増加する．節と節の中央には，振幅が最大になる点がある．これを**腹**（antinode）という．

弦の一方から x 方向に進行する振幅 A の波の式を

$$A \sin 2\pi\nu \left(\frac{x}{v} - t \right) \tag{5.6}$$

とすると，逆方向の進行波を重ね合わせた定常波の式は

$$f(x,t) = A \sin 2\pi\nu \left(\frac{x}{v} - t \right) + A \sin 2\pi\nu \left(\frac{x}{v} + t \right) \tag{5.7}$$

となる．上式は，三角法の公式† により

$$f(x,t) = 2A \sin \frac{2\pi\nu x}{v} \cos 2\pi\nu t \tag{5.8}$$

---

† $\sin\alpha + \sin\beta = 2\sin\dfrac{\alpha+\beta}{2}\cos\dfrac{\alpha-\beta}{2}$

と変形できる．式 (5.8) は，変数 x を含む部分と変数 t を含む部分が分離されているので，前者を

$$f(x) = 2A \sin \frac{2\pi\nu x}{v} \tag{5.9}$$

と書くことにすると，式 (5.7) は

$$f(x, t) = f(x) \cos 2\pi\nu t \tag{5.10}$$

となる．これを x で 2 回偏微分すると

$$\frac{\partial^2 f(x, t)}{\partial x^2} = \cos 2\pi\nu t \frac{d^2 f(x)}{dx^2} \tag{5.11}$$

となる．また，式 (5.10) を t で 2 回偏微分すると

$$\frac{\partial^2 f(x, t)}{\partial t^2} = -4\pi^2\nu^2 f(x) \cos 2\pi\nu t \tag{5.12}$$

式 (5.11) と (5.12) を式 (5.5) に代入すると

$$\cos 2\pi\nu t \frac{d^2 f(x)}{dx^2} + \frac{4\pi^2\nu^2}{v^2} f(x) \cos 2\pi\nu t = 0 \tag{5.13}$$

ここで，$\cos 2\pi\nu t$ は常に 0 ではないから

$$\frac{d^2 f(x)}{dx^2} + \frac{4\pi^2\nu^2}{v^2} f(x) = 0 \tag{5.14}$$

となる．式 (5.14) は，1 次元の定常波に対する波動方程式である．この方程式には，時刻 t の項が含まれていない．すなわち，式 (5.9) の置き換えによって，波動方程式 (5.5) は，式 (5.14) のように変数分離されたことになる．

同様にして，2 次元あるいは 3 次元の定常波の波動方程式は，次式で表せることが求められる．

$$\frac{\partial^2 f(x, y)}{\partial x^2} + \frac{\partial^2 f(x, y)}{\partial y^2} + \frac{4\pi^2\nu^2}{v^2} f(x, y) = 0 \tag{5.15}$$

$$\frac{\partial^2 f(x, y, z)}{\partial x^2} + \frac{\partial^2 f(x, y, z)}{\partial y^2} + \frac{\partial^2 f(x, y, z)}{\partial z^2} + \frac{4\pi^2\nu^2}{v^2} f(x, y, z) = 0 \tag{5.16}$$

図 5.3 ケトルドラム
2 つ以上がセットになったものをティンパニという．

5.4 周囲を固定した円形膜に起こる定常波

ケトルドラム（または，ティンパニ）と呼ばれる楽器は，真鍮（ちゅう）やグラスファイバー製の半球の開口部に皮を張った太鼓である（図 5.3）．このような周囲を固定した円形膜に起こる定常波の波形は，概略次式で表される．

$$f_{m,n}(r, \theta) = J_m\left(p_{m,n}\frac{r}{a}\right)\cos m\theta \tag{5.17}$$

ただし，振幅と時間変化の項は省略してある[†]．最大変位の形状を表す式と理解してほしい．r は原点からの距離，θ は $x = \cos\theta$，$y = \sin\theta$ と対応している．m，n はそれぞれ，方位節線と動径節線の数を表す．J_m は第 1 種ベッセル（Bessel）関数で，$J_m(x)$ は図 5.4 の形をしている．

$$J_m(x) = 0 \tag{5.18}$$

を満足させる根を p とすると p の値はとびとびに無限個あり，この根のうち，$x = 0$ を除く n 番目のものを $p_{m,n}$ と書くと，その値は表 5.1 のようになる．

[†] 正確な波形を表す式は，振動や波動を扱う成書にある．たとえば，野村，武者，内藤，森泉 著：『振動・波動入門』（コロナ社，1977）p. 104．

第5章 定常波

```
Plot[{BesselJ[0, x],BesselJ[1, x],BesselJ[2, x]},{x,0,17.5},
PlotRange → {-0.5,1.1},
AspectRatio → 0.5,Frame → True, PlotStyle →
{Dashing[{}], Dashing[{0.01}], Dashing[{0.01}]}]
```

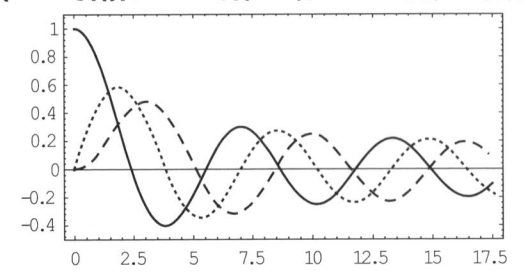

図 5.4　第1種ベッセル関数 J_0(実線)，J_1（点線），および J_2（破線）

表 5.1　第1種 Bessel 関数 $J_m = 0$ の根 $p_{m,n}$

$m \diagdown n$	1	2	3	4
0	2.405	5.520	8.654	11.792
1	3.832	7.016	10.173	13.324
2	5.136	8.417	11.620	14.796
3	6.380	9.761	13.015	16.223

Mathematicaは，ベッセル関数を内蔵しているので，円形膜に起こる定常波の図をつぎの書式によって簡単に描くことができる．

```
ParametricPlot3D [{r Cos[theta], r Sin[theta], BesselJ[mの値, r]
縦方向拡大率}, {r, 0, pmnの値}, {theta, 0, 2Pi}];
```

たとえば，基本振動数に対応する波形は，図5.5(a) の上部のように入力して，⎡Shift⎦を押しながら⎡Enter ↵⎦を押すだけで，対応する図が描ける．同様にして表5.1の適当な値を使い，拡大率を指示すると，図5.5(b)～(f)が描ける．

5.4 周囲を固定した円形膜に起こる定常波

(a) `ParametricPlot3D[{rCos[theta], rSin[theta], BesselJ[0, r]1.3},`
`{r, 0, 2.405}, {theta, 0, 2 π}, PlotPoints -> 32 ];`

(b) `ParametricPlot3D[{rCos[theta], rSin[theta], BesselJ[0, r]1.3 0.5819 5.520 / 2.405},`
`{r, 0, 5.520}, {theta, 0, 2 π}, PlotPoints -> 32 ];`

(c) `ParametricPlot3D[{rCos[theta], rSin[theta], BesselJ[0, r]1.3 0.4865 8.654 / 2.405},`
`{r, 0, 8.654}, {theta, 0, 2 π}, PlotPoints -> 32 ];`

(d) `ParametricPlot3D[{rCos[theta], rSin[theta], BesselJ[1, r]Cos[theta]2},`
`{r, 0, 3.832}, {theta, 0, 2 π}, PlotPoints -> 32 ];`

(e) `ParametricPlot3D[{rCos[theta], rSin[theta], BesselJ[2, r]Cos[2 theta]3},`
`{r, 0, 5.136}, {theta, 0, 2 π}, PlotPoints -> 32 ];`

(f) `ParametricPlot3D[{rCos[theta], rSin[theta], BesselJ[3, r]Cos[3 theta]3.75 0.4865 13.015 / 6.380},`
`{r, 0, 13.015}, {theta, 0, 2 π}, PlotPoints -> 32 ];`

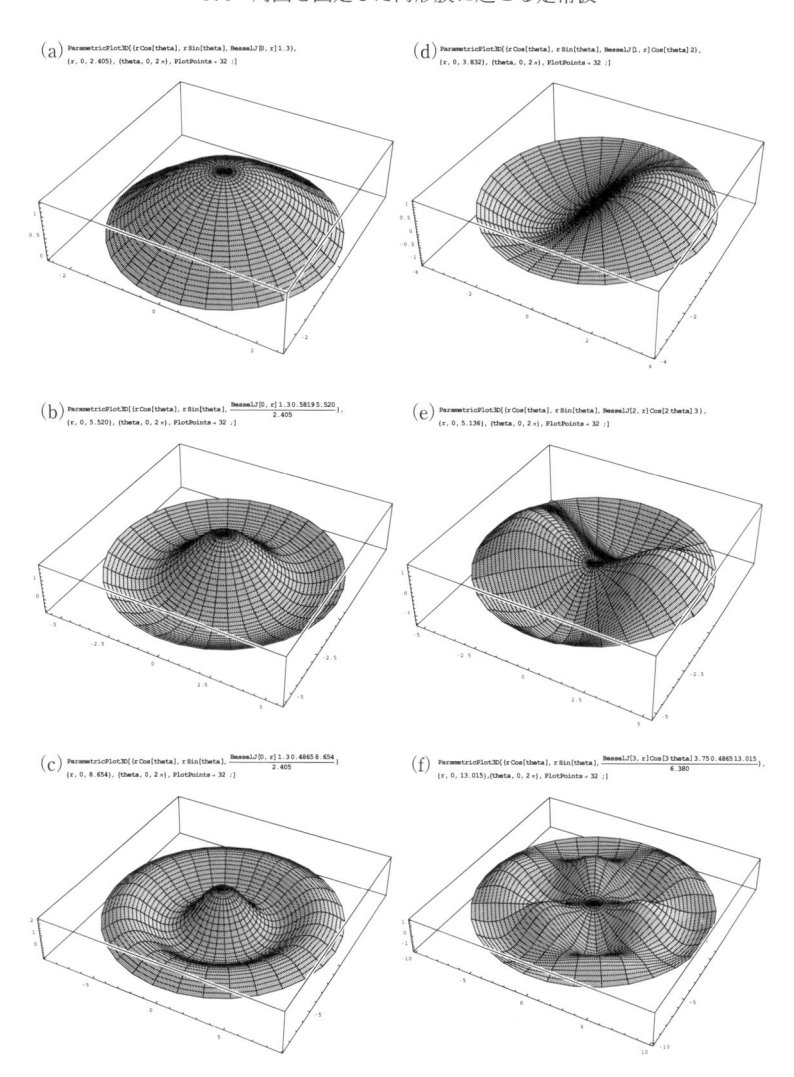

図 5.5 周囲を固定された円形膜に起こる定常波
本文中の]; の前に, PlotPoints -> 32 を追加して描いたもの.

演 習 問 題

[1] 長さ 50.0 cm, 質量 5.00 g のピアノ線が張力 400 N で張ってある.
(1) 基本振動数はいくつか.
(2) 線の端から $\frac{1}{3}$ の点を固定し, 線の短い方の中点をはじくとき, 弦に発生する定常波の最小の振動数はいくつか.

[2] 進行波の式 (5.6) は, 波動方程式の一般形, 式 (5.5) を満足していることを示せ.

第6章 シュレーディンガーの波動方程式

　前の章で述べた古典力学における波動の式をもとにして，量子力学の基本方程式であるシュレーディンガーの波動方程式はどのように導出されるのだろうか．本章では，この過程をまず説明する．つぎに，波動方程式を解いて得られる波動関数の基本的な性質を説明する．後半の説明は，数式にもとづく説明とコンピューター・グラフィックスによる説明を併用してある．後者では，電子が不確定性原理に従う量子力学的粒子であるため，その状態は確率で表されるという基本原理を可視化している．波動性を持つ電子1個の性質がどのように可視化できるかを汲み取っていただければ幸いである．

6.1 量子力学の誕生

　1913年，ボーアは2つの仮定をおくことにより，水素原子のスペクトルを見事に説明した．しかし，量子数 n の導入の仕方が少し勝手すぎるのではないかという批判があった．1924年に提唱されたド・ブロイの物質波の考え方に従うと，ボーアの許される軌道というのは，電子に対して仮定された波動性と調子が合うような軌道であるという新しい解釈が与えられた．ド・ブロイは，このことを自らのノーベル物理学賞受賞講演で次のように表現している．

> 　原子の中の電子の安定な運動を決定するときに，整数が入り込んできます．物理学において，整数を含む現象は，干渉の場合と規準振動の場合だけです．この事実から，私は，電子の方もただの粒子と考えるべきではなく，そこには，周期性が付随しているはずであるという考えを抱くに至りました．

　ド・ブロイの波動論の考え方を電子の状態を表す方程式に組み込んで，ボー

アの定常状態を自然に導き出す方法は，1926年1月，シュレーディンガー (Erwin Schrödinger 1887-1961) によって達成された．その手続きの概略は以下の通りである（発表された論文の手続きとは異なる）．

古典力学の波の式 (5.14) における振動数 ν と速度 v の比を式 (5.3) に従って λ に置き換えると

$$\frac{d^2 f(x)}{dx^2} + \frac{4\pi^2}{\lambda^2} f(x) = 0 \tag{6.1}$$

ここにド・ブロイの式

$$\lambda = \frac{h}{mv} \tag{6.2}$$

を代入し[†]，$f(x)$ を ϕ(ファイ) と書きかえると

$$\frac{d^2 \phi}{dx^2} + \frac{4\pi^2 m^2 v^2}{h^2} \phi = 0 \tag{6.3}$$

系の全エネルギー E は，運動エネルギー $T = \frac{1}{2} mv^2$ とポテンシャルエネルギー V の和であるから

$$T = E - V = \frac{1}{2} mv^2 \tag{6.4}$$

上式の mv^2 を式 (6.3) に代入すると

$$\frac{d^2 \phi}{dx^2} + \frac{8\pi^2 m}{h^2} (E - V) \phi = 0 \tag{6.5}$$

すなわち

$$\left[-\frac{h^2}{8\pi^2 m} \frac{d^2}{dx^2} + V \right] \phi = E\phi \tag{6.6}$$

となる．式 (6.6) が1次元のシュレーディンガーの波動方程式である．水素原子の中の電子の状態を波動関数 χ(カイ) で表すことにすると，上式の2階微分の部分を式 (5.16) のように3次元に変更し

[†] シュレーディンガーは，1926年6月の論文（いわゆる第4論文）で，運動量 p が位置座標 q についての偏微分 $(\partial/\partial q)$ に $h/2\pi i$ を掛けたもので置き換えられるとした．この方法は，本文中の方法よりも一般的で，時間に依存する系や相対論的な系にも適用できる．

$$V = -\frac{k_0 e^2}{r} \tag{6.7}$$

とおいて，次式のように導出できる．

$$\left[-\frac{h^2}{8\pi^2 m}\left(\frac{\partial^2}{\partial x^2} + \frac{\partial^2}{\partial y^2} + \frac{\partial^2}{\partial z^2}\right) - \frac{k_0 e^2}{r}\right]\chi = E\chi \tag{6.8}$$

式 (6.6) または (6.8) の大カッコ内を**ハミルトニアン**（Hamiltonian）と呼び，H で表す．ハミルトニアンのうち，2 階の微分を含む項を運動エネルギー項，それに続く V で表される項をポテンシャルエネルギー項という．水素原子の原子核が原点にあり，x, y, z は電子の座標である．r は，核と電子の距離である．

ニュートンの運動方程式が証明できないのと同じように，上記の物質波の運動方程式も理論的な証明は不可能である．これらの方程式が正しいかどうかは，具体的な問題に適用して確かめられる．シュレーディンガーは，まず，水素原子の問題に対する式 (6.8) を解き，エネルギーの量子化が自然に導出できることを示した．シュレーディンガーの方程式はその後，複数の電子を含む多体系にも適用され，ニュートンの方程式と同じように自然の基本法則とみなしてよいことが確かめられている．

シュレーディンガーは，彼の方程式を用いる取扱いを**波動力学**（wave mechanics）と呼んだ．これは，後に，ハイゼンベルクのマトリックス力学と同等なものであることがわかり，これらを統一して**量子力学**（quantum mechanics）と呼んでいる．

6.2 波動関数の解釈

シュレーディンガーの波動方程式 (6.6) や (6.8) を解くと，**波動関数**（wavefunction）ϕ や χ が求まる．本書では，1 つの電子の波動関数（1 電子波動関数）をギリシャ文字の小文字で表し，χ は原子についての 1 電子波動関数，ϕ は分子についてのそれを表すこととし，多電子系の全波動関数を大文字（たとえば Ψ〔プサイ〕）で表すことにする．

量子力学では1電子波動関数を**軌道**（orbital）と呼ぶ．したがって，本書の χ は**原子軌道**（atomic orbital），ϕ は**分子軌道**（molecular orbital）ということになる．

量子力学における波動関数の数学的表現は古典力学における形式とあまりにもかけ離れているため，その物理的意味の解釈の仕方にはしばらくの間は定説がなかった．シュレーディンガーは，粒子が波のように広がり，波動関数 χ や ϕ の絶対値の平方はその密度分布を表すと解釈した（1926年6月）．現代風にいえば，電子は雲のように電子密度の分布を持って存在する，という考え方である．

ボルン（Max Born 1892-1970）は，1926年7月に発表した論文のなかで，粒子を見出す確率が波動関数の絶対値の平方に比例するという解釈を与えた．波動関数を ϕ で書けば，座標 (x, y, z) における微小体積 $dxdydz(=d\tau)$ 内に粒子を見出す確率は

$$|\phi(x, y, z)|^2\, dxdydz = |\phi|^2\, d\tau \qquad (6.9)$$

に比例するというものである．この考え方は広く一般に受け入れられている．ボルンは1954年，波動関数についての上記のような統計的解釈に関してノーベル物理学賞を受賞している．

現在では，物質粒子が雲のように広がるという考え方は，実験的にも否定されている．たとえば，第4章で述べた電子線回折において，入射する電子の数を1個にまで減少させたときは，1個の電子が検出されるに過ぎないという実験結果が知られている．もし，電子が雲のように広がるのであれば，電子1個の実験でもきわめて薄い回折縞が観察されるはずであるが，そのような実験事実はない．

6.3 波動関数の性質

粒子を見出す確率が波動関数の絶対値の平方 $|\phi|^2$ に比例するという考え方を採用すると，ϕ についてのつぎのような性質が自然に導かれる．

(1) ϕ の規格化

微小体積 $d\tau$ の中に電子を見出す確率を全空間にわたって積分すれば 1 になる．ϕ は 1 電子波動関数であり，電子は全空間のどこかに必ず存在するからである．数式で表すと

$$\int |\phi|^2 \, d\tau = 1 \tag{6.10}$$

となる．このような波動関数 ϕ を求めることを**規格化**（normalization）という．

(2) ϕ の一価有限連続性

波動関数 ϕ が多価関数であるとすると，ある座標における確率がいくつも計算されてしまって不合理となる．ϕ が無限大になると式 (6.10) が成立しない．また，不連続な確率というものも考えられない．したがって，ϕ は一価有限連続でなければならない．

(3) ϕ と $\phi \exp(i\theta)$ の同等性

波動関数の平方を表す式に絶対値の記号 | | がついているのは，波動関数 ϕ が一般には複素数（i を虚数単位として，$a + bi$ で表される式）であるためである．ϕ^* を ϕ の複素共役（$a + bi$ に対して $a - bi$）であるとすれば，

$$|\phi|^2 = \phi^* \phi \tag{6.11}$$

である．ところで，$\phi \exp(i\theta)$ の複素共役は $\phi \exp(-i\theta)$ であるから[†]，

$$|\phi \exp(i\theta)|^2 = \phi^* \exp(-i\theta) \phi \exp(i\theta) = \phi^* \phi \tag{6.12}$$

となり，式 (6.11) と式 (6.12) は同等である．すなわち，確率という観点からは，ϕ と $\phi \exp(i\theta)$ は同じ状態を意味している．

6.4　電子は雲のようなものではないことを示す実験のシミュレーション

波動関数 ϕ の解釈に関連して，電子は雲のようなものではないことを示す実験（電子線回折の実験）が行われたことを述べた (6.2 節)．図 6.1 は，この種の実験の重要性をコンピューターでシミュレートした結果である．

[†] $\exp(i\theta) = \cos\theta + i\sin\theta$

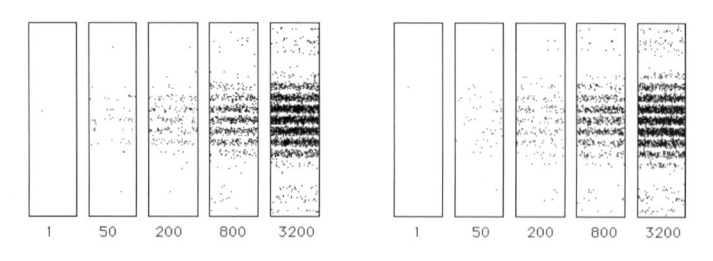

図 6.1 電子は雲のようなものではないことを示す実験のシミュレーションの結果の一部

　電子線について，ヤングの二重スリットの実験のような干渉縞を得ることは実際には不可能であるといわれていた．外村 彰 (1942-) は，波面のそろった（干渉性の良い）電子線を得るために，電界放出電子（タングステン針の先から出る電子）と電子線バイプリズムを用いて電子線の干渉縞を撮影し，また，蛍光板上で観察することに成功した[†]．外村はさらに，図 6.1 のように，電子 1 個を検出し，最初はランダム（不確定）に見えるそのパターンが，検出個数を増すにつれて一定の干渉縞のパターンを与えることを示した．

　この実験で，電子を最初に検出する位置は，実験を繰り返すたびに変化する．すなわち，個々の電子がどの点に検出されるかの予言はできない．しかし，どの点に到達しやすいかという確率は計算できるので，検出を繰り返すと光の二重スリットの実験と同じような一定の干渉縞のパターンに落ち着く．

　このように，電子は干渉という波動特有の性質を結果として示すが，個々の電子を検出するときはあくまで点状であり，その数をカウントすることができる．言葉を換えていえば，1 つの電子の雲の一部（つまり，電子のかけら）を観測することはできないのである．

[†] 外村 彰 著：『量子力学を見る－電子線ホログラフィーの挑戦（岩波科学ライブラリー）』（岩波書店，1995）．

演 習 問 題

[１] 波動関数 ϕ と $\phi\exp(i\theta)$ の同等性を用いて，ϕ と $-\phi$ は同等であることを示せ．

[２] 波動関数 $\phi(x)$ が，次式 (6.13) で表される正弦曲線であるとき，その存在確率 $\phi^2(x)$ も正弦曲線を描くことを示せ．

$$\phi(x) = A\sin kx \tag{6.13}$$

第7章 水素原子

バルマーが整数によって開いた化学の扉は，多くの科学者に受け継がれた．シュレーディンガーの波動方程式を解いて得られる主量子数 n は，バルマーの式の整数そのものを表している．量子数は，周期表の周期の由来をはじめ，自然界のいろいろな秩序を説明する基本的な数である．本章では，まず周期表について説明し，つづいて，その最も基本的な元素である水素原子の中の電子の状態（すなわち原子軌道）を調べる．着目するところは，もちろん，原子軌道における波動性である．原子軌道の3次元的な図を描けるソフトウェアを使って，その波動性を軌道の数式と対比させてぜひとも読み取っていただきたい．これらの観察を通して，「電子が波であるということは化学とどう関連しているのか」を考えていただくことが本章のねらいである．

7.1 量子数と周期律

水素原子の中の電子の状態を表す波動方程式 (6.8) は解析的に解ける．その手続きは以下の通りである．

（ⅰ）デカルト（直交）座標（x, y, z 座標系）で表された式 (6.8) を極座標系 (r, θ, φ) に変換する．2つの座標系の関係は，図7.1に示してある．

（ⅱ）変数 r，θ，φ それぞれの微分方程式に変数分離し，r，θ，または φ を含む解析解（組み合わせて χ を得る解）と，エネルギー E の解を得る．

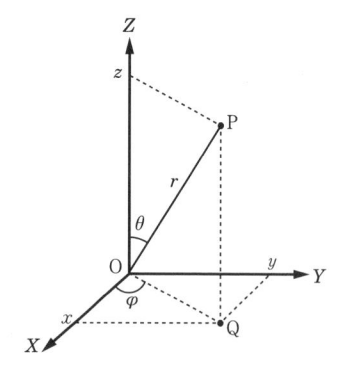

図7.1 点Pのデカルト座標（x, y, z）と極座標（r, θ, φ）の関係

(iii) 変数 φ についての解は，複素関数で表されるものが含まれているので，必要ならばこれらを組みかえて実関数に変換する．

波動方程式を解いて得られる波動関数 χ，すなわち原子軌道の数式や空間分布については次節で取り扱う．ここでは，上記の過程（ii）で得られる量子数について述べる．これまでのいくつかの章に示したように，定常波の考えをとり入れた方程式を解くと，量子数 n, l, m が自然に出てくる（数式にもとづく具体例は，次章の演習問題で1次元の簡単な場合について取り扱う）．これらはつぎの名称で呼ばれ，以下に示す範囲の0または整数である．

主量子数（principal quantum number）n

$$n = 1, 2, 3, \cdots \tag{7.1}$$

方位量子数（azimuthal quantum number）l

$$0 \leqq l \leqq n - 1 \tag{7.2}$$

磁気量子数（magnetic quantum number）m

$$-l \leqq m \leqq l \tag{7.3}$$

水素原子の中の電子のエネルギー E は，主量子数 n のみで決まり，第3章で述べた式（3.6），（3.9）と同じ式が求まる．すなわち

$$E_n = -\frac{13.6}{n^2}\,\mathrm{eV} \quad (n = 1, 2, 3, \cdots) \tag{7.4}$$

である．

これまでの各章で，整数が開いた科学の新しい扉の例をいくつも見てきた．

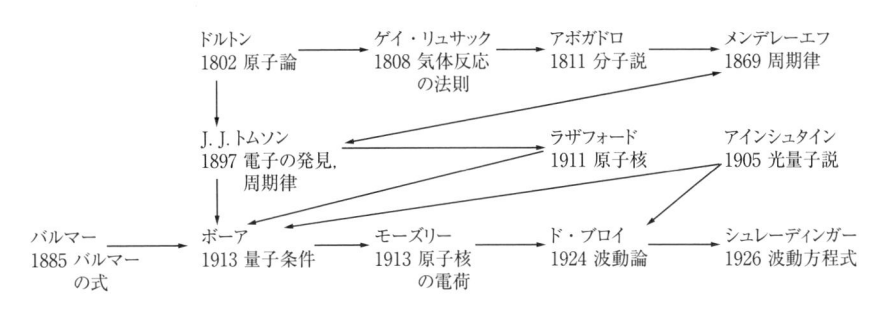

図7.2 整数が開いた科学の新しい扉の数々

これらは、おおよそ図7.2のようにまとめられる。式 (7.4) が求まると、これによって元素の周期律の説明が可能となるのではないかという期待が持たれた。

水素以外の原子についての波動方程式は、電子間の斥力項が入ってくるために解析的には解けない（いろいろな近似を使って解く）が、電子を1つしか持たない陽イオン（たとえば炭素の場合は、C^{5+}）は式 (6.8) の e（陽子の電荷）を Ze（核電荷）に置きかえた波動方程式で表され、解析解が得られる。このモデルを水素様原子という。水素様原子の中の電子のエネルギーは、次式で表される。

$$E_n = -\frac{13.6\,Z^2}{n^2}\text{eV} \qquad (n=1,2,3,\cdots) \qquad (7.5)$$

水素原子（または水素様原子）にどのような波動関数（原子軌道）があるかは、式 (7.1)～(7.3) の量子数によって決まる。表7.1は、これらをとりまとめたものである。

原子軌道の名称（1s, 2s, 2p, …）における最初の数字は主量子数 n を表す。s, p, …の文字は、方位量子数 l の値が0のときs、1のときp、2のときd、3, 4, 5, …は、f, g, h, …とアルファベットを順次割り振る。水素原子のエネルギーは主量子数 n だけで決まるので、同じエネルギーを持つ軌道の

表7.1 水素原子（水素様原子）における原子軌道の名称と、対応する量子数

軌道の名称	n	l	m	軌道の数
1s	1	0	0	1
2s	2	0	0	1
2p		1	−1　0　1	3
3s		0	0	1
3p	3	1	−1　0　1	3
3d		2	−2　−1　0　1　2	5
4s		0	0	1
4p	4	1	−1　0　1	3
4d		2	−2　−1　0　1　2	5
4f		3	−3　−2　−1　0　1　2　3	7

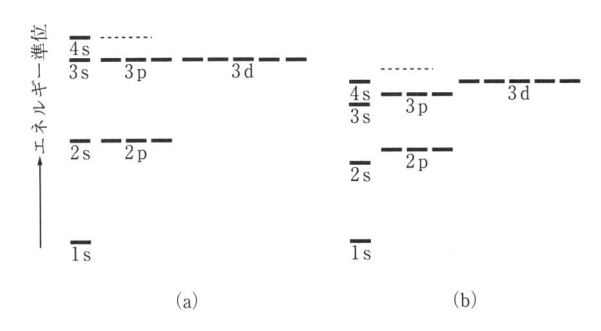

図7.3 水素様原子 (a) と多電子原子 (b) の原子軌道エネルギー

数は,表7.1の右側に示すように,1, 4 (1 + 3), 9 (1 + 3 + 5), 16, …, n^2 個ずつある(図7.3 (a)).同じエネルギーを持つ軌道は,**縮重**(または**縮退**:degenerate)していると呼ばれる.

水素様原子の場合も,式 (7.5) から明らかなように,原子軌道は n^2 重に縮重しているので,図7.3 (a) と同様のエネルギー準位となる.これでは元素の周期律は説明できない.多電子原子において全ての電子を考慮したシュレーディンガーの波動方程式を解くと,そのエネルギー準位はおおよそ図7.3 (b) のようになっていることが求められる.イオン化電圧などの実験値もこの準位を支持している.図7.3 (b) のエネルギー準位から,周期表において化学的または物理的性質の類似したものがどういう周期で現れるかを正確に説明することができる.周期表に含まれる不思議な整数の繰り返しの問題は,量子力学によって初めて明快な説明が与えられたのである.

表7.2に,元素の電子配置の表を掲げておく.周期表は,表紙見返しにある.

7.2 原子軌道の数式

前節の過程 (ii) により,水素原子の原子軌道 χ_{nlm} は次式で与えられる.

$$\chi_{nlm}(r,\ \theta,\ \varphi) = R_{nl}(r)\ \Theta_{lm}(\theta)\ \Phi_m(\varphi) \tag{7.6}$$

第7章 水素原子

表7.2 元素の電子配置（その1）

元素	原子番号	K	L		M			N				O				P			Q
		1s	2s	2p	3s	3p	3d	4s	4p	4d	4f	5s	5p	5d	5f	6s	6p	6d	7s
H	1	1																	
He	2	2																	
Li	3	2	1																
Be	4	2	2																
B	5	2	2	1															
C	6	2	2	2															
N	7	2	2	3															
O	8	2	2	4															
F	9	2	2	5															
Ne	10	2	2	6															
Na	11	2	2	6	1														
Mg	12	2	2	6	2														
Al	13	2	2	6	2	1													
Si	14	2	2	6	2	2													
P	15	2	2	6	2	3													
S	16	2	2	6	2	4													
Cl	17	2	2	6	2	5													
Ar	18	2	2	6	2	6													
		1s	2s	2p	3s	3p	3d	4s	4p	4d	4f	5s	5p	5d	5f	6s	6p	6d	7s
K	19	2	2	6	2	6		1											
Ca	20	2	2	6	2	6		2											
Sc	21	2	2	6	2	6	1	2											
Ti	22	2	2	6	2	6	2	2											
V	23	2	2	6	2	6	3	2											
Cr	24	2	2	6	2	6	5	1											
Mn	25	2	2	6	2	6	5	2											
Fe	26	2	2	6	2	6	6	2											
Co	27	2	2	6	2	6	7	2											
Ni	28	2	2	6	2	6	8	2											
Cu	29	2	2	6	2	6	10	1											
Zn	30	2	2	6	2	6	10	2											
Ga	31	2	2	6	2	6	10	2	1										
Ge	32	2	2	6	2	6	10	2	2										
As	33	2	2	6	2	6	10	2	3										
Se	34	2	2	6	2	6	10	2	4										
Br	35	2	2	6	2	6	10	2	5										
Kr	36	2	2	6	2	6	10	2	6										
		1s	2s	2p	3s	3p	3d	4s	4p	4d	4f	5s	5p	5d	5f	6s	6p	6d	7s
Rb	37	2	2	6	2	6	10	2	6			1							
Sr	38	2	2	6	2	6	10	2	6			2							
Y	39	2	2	6	2	6	10	2	6	1		2							
Zr	40	2	2	6	2	6	10	2	6	2		2							
Nb	41	2	2	6	2	6	10	2	6	4		1							
Mo	42	2	2	6	2	6	10	2	6	5		1							
Tc	43	2	2	6	2	6	10	2	6	6		1							
Ru	44	2	2	6	2	6	10	2	6	7		1							
Rh	45	2	2	6	2	6	10	2	6	8		1							
Pd	46	2	2	6	2	6	10	2	6	10									
Ag	47	2	2	6	2	6	10	2	6	10		1							
Cd	48	2	2	6	2	6	10	2	6	10		2							
In	49	2	2	6	2	6	10	2	6	10		2	1						
Sn	50	2	2	6	2	6	10	2	6	10		2	2						
Sb	51	2	2	6	2	6	10	2	6	10		2	3						
Te	52	2	2	6	2	6	10	2	6	10		2	4						
I	53	2	2	6	2	6	10	2	6	10		2	5						
Xe	54	2	2	6	2	6	10	2	6	10		2	6						
		1s	2s	2p	3s	3p	3d	4s	4p	4d	4f	5s	5p	5d	5f	6s	6p	6d	7s

7.2 原子軌道の数式

表7.2 元素の電子配置（その2）

元素	原子番号	K	L		M			N				O				P			Q
		1s	2s	2p	3s	3p	3d	4s	4p	4d	4f	5s	5p	5d	5f	6s	6p	6d	7s
Cs	55	2	2	6	2	6	10	2	6	10		2	6			1			
Ba	56	2	2	6	2	6	10	2	6	10		2	6			2			
La	57	2	2	6	2	6	10	2	6	10		2	6	1		2			
Ce	58	2	2	6	2	6	10	2	6	10	1	2	6	1		2			
Pr	59	2	2	6	2	6	10	2	6	10	3	2	6			2			
Nd	60	2	2	6	2	6	10	2	6	10	4	2	6			2			
Pm	61	2	2	6	2	6	10	2	6	10	5	2	6			2			
Sm	62	2	2	6	2	6	10	2	6	10	6	2	6			2			
Eu	63	2	2	6	2	6	10	2	6	10	7	2	6			2			
Gd	64	2	2	6	2	6	10	2	6	10	7	2	6	1		2			
Tb	65	2	2	6	2	6	10	2	6	10	8	2	6	1		2			
Dy	66	2	2	6	2	6	10	2	6	10	10	2	6			2			
Ho	67	2	2	6	2	6	10	2	6	10	11	2	6			2			
Er	68	2	2	6	2	6	10	2	6	10	12	2	6			2			
Tm	69	2	2	6	2	6	10	2	6	10	13	2	6			2			
Yb	70	2	2	6	2	6	10	2	6	10	14	2	6			2			
Lu	71	2	2	6	2	6	10	2	6	10	14	2	6	1		2			
		1s	2s	2p	3s	3p	3d	4s	4p	4d	4f	5s	5p	5d	5f	6s	6p	6d	7s
Hf	72	2	2	6	2	6	10	2	6	10	14	2	6	2		2			
Ta	73	2	2	6	2	6	10	2	6	10	14	2	6	3		2			
W	74	2	2	6	2	6	10	2	6	10	14	2	6	4		2			
Re	75	2	2	6	2	6	10	2	6	10	14	2	6	5		2			
Os	76	2	2	6	2	6	10	2	6	10	14	2	6	6		2			
Ir	77	2	2	6	2	6	10	2	6	10	14	2	6	7		2			
Pt	78	2	2	6	2	6	10	2	6	10	14	2	6	9		1			
Au	79	2	2	6	2	6	10	2	6	10	14	2	6	10		1			
Hg	80	2	2	6	2	6	10	2	6	10	14	2	6	10		2			
Tl	81	2	2	6	2	6	10	2	6	10	14	2	6	10		2	1		
Pb	82	2	2	6	2	6	10	2	6	10	14	2	6	10		2	2		
Bi	83	2	2	6	2	6	10	2	6	10	14	2	6	10		2	3		
Po	84	2	2	6	2	6	10	2	6	10	14	2	6	10		2	4		
At	85	2	2	6	2	6	10	2	6	10	14	2	6	10		2	5		
Rn	86	2	2	6	2	6	10	2	6	10	14	2	6	10		2	6		
		1s	2s	2p	3s	3p	3d	4s	4p	4d	4f	5s	5p	5d	5f	6s	6p	6d	7s
Fr	87	2	2	6	2	6	10	2	6	10	14	2	6	10		2	6		1
Ra	88	2	2	6	2	6	10	2	6	10	14	2	6	10		2	6		2
Ac	89	2	2	6	2	6	10	2	6	10	14	2	6	10		2	6	1	2
Th	90	2	2	6	2	6	10	2	6	10	14	2	6	10		2	6	2	2
Pa	91	2	2	6	2	6	10	2	6	10	14	2	6	10	2	2	6	1	2
U	92	2	2	6	2	6	10	2	6	10	14	2	6	10	3	2	6	1	2
Np	93	2	2	6	2	6	10	2	6	10	14	2	6	10	5	2	6		2
Pu	94	2	2	6	2	6	10	2	6	10	14	2	6	10	6	2	6		2
Am	95	2	2	6	2	6	10	2	6	10	14	2	6	10	7	2	6		2
Cm	96	2	2	6	2	6	10	2	6	10	14	2	6	10	7	2	6	1	2
Bk	97	2	2	6	2	6	10	2	6	10	14	2	6	10	8	2	6	1	2
Cf	98	2	2	6	2	6	10	2	6	10	14	2	6	10	10	2	6		2
Es	99	2	2	6	2	6	10	2	6	10	14	2	6	10	11	2	6		2
Fm	100	2	2	6	2	6	10	2	6	10	14	2	6	10	12	2	6		2
Md	101	2	2	6	2	6	10	2	6	10	14	2	6	10	13	2	6		2
No	102	2	2	6	2	6	10	2	6	10	14	2	6	10	14	2	6		2
Lr	103	2	2	6	2	6	10	2	6	10	14	2	6	10	14	2	6	1	2
Rf	104	2	2	6	2	6	10	2	6	10	14	2	6	10	14	2	6	2	2
Db	105	2	2	6	2	6	10	2	6	10	14	2	6	10	14	2	6	3	2
Sg	106	2	2	6	2	6	10	2	6	10	14	2	6	10	14	2	6	4	2
Bh	107	2	2	6	2	6	10	2	6	10	14	2	6	10	14	2	6	5	2
Hs	108	2	2	6	2	6	10	2	6	10	14	2	6	10	14	2	6	6	2
Mt	109	2	2	6	2	6	10	2	6	10	14	2	6	10	14	2	6	7	2
		1s	2s	2p	3s	3p	3d	4s	4p	4d	4f	5s	5p	5d	5f	6s	6p	6d	7s

表7.3 動径部分 $R_{nl}(r)$ の表（r の単位は au（1 au = 52.92 pm））

$R_{10}(r) = 2\exp(-r)$

$R_{20}(r) = (1/2\sqrt{2})(2-r)\exp(-r/2)$

$R_{21}(r) = (1/2\sqrt{6})\,r\exp(-r/2)$

$R_{30}(r) = (2/81\sqrt{3})(27 - 18\,r + 2\,r^2)\exp(-r/3)$

$R_{31}(r) = (4/81\sqrt{6})(6-r)\,r\exp(-r/3)$

$R_{32}(r) = (4/81\sqrt{30})\,r^2\exp(-r/3)$

$R_{40}(r) = (1/768)(192 - 144\,r + 24\,r^2 - r^3)\exp(-r/4)$

$R_{41}(r) = (1/256\sqrt{15})(80 - 20\,r + r^2)\,r\exp(-r/4)$

$R_{42}(r) = (1/768\sqrt{5})(12-r)\,r^2\exp(-r/4)$

$R_{43}(r) = (1/768\sqrt{35})\,r^3\exp(-r/4)$

$R_{50}(r) = (1/46875\sqrt{5})(18750 - 15000\,r + 3000\,r^2 - 200\,r^3 + 4\,r^4)\exp(-r/5)$

$R_{51}(r) = (4/46875\sqrt{30})(3570 - 1125\,r + 90\,r^2 - 2\,r^3)\,r\exp(-r/5)$

$R_{52}(r) = (4/46875\sqrt{70})(525 - 70\,r + 2\,r^2)\,r^2\exp(-r/5)$

$R_{53}(r) = (4/46875\sqrt{70})(20 - r)\,r^3\exp(-r/5)$

$R_{54}(r) = (4/140625\sqrt{70})\,r^4\exp(-r/5)$

$R_{60}(r) = (1/524880\sqrt{6})(174960 - 145800\,r + 32400\,r^2 - 900\,r^3 + 90\,r^4 - r^5)$
$\quad\times \exp(-r/6)$

$R_{61}(r) = (1/10368\sqrt{210})(68040 - 22680\,r + 2268\,r^2 - 84\,r^3 + r^4)\,r\exp(-r/6)$

$R_{62}(r) = (1/209952\sqrt{105})(9072 - 1512\,r + 72\,r^2 - r^3)\,r^2\exp(-r/6)$

$R_{63}(r) = (1/629856\sqrt{35})(648 - 52\,r + r^2)\,r^3\exp(-r/6)$

$R_{64}(r) = (1/3149280\sqrt{7})(30 - r)\,r^4\exp(-r/6)$

$R_{65}(r) = (1/3149280\sqrt{77})\,r^5\exp(-r/6)$

ただし，$R_{nl}(r)$ は原子核から電子までの距離 r（つまり $\sqrt{x^2+y^2+z^2}$）だけの関数であり，波動関数の動径部分と呼ばれている．残りの $\Theta_{lm}(\theta)\,\Phi_m(\varphi)$ は，図7.1で定義される角 θ，φ の関数であり，球面調和関数または波動関数の角部分と呼ばれ，$Y_{lm}(\theta,\varphi)$ と表すことがある．$R_{nl}(r)$，$\Theta_{lm}(\theta)$ ならびに $\Phi_m(\varphi)$ の具体的な数式は，表7.3～7.5に与えられている．表7.3の中の r の単位は原子単位 au（atomic unit，1 au = 52.92 pm）である．Mathematica では，$R_{nl}(r)$ が LaguerreL(n, a, x) で，$Y_{lm}(\theta,\varphi)$ が Spherical Harmonic Y(l, m, θ, φ) で表示できる．

7.2 原子軌道の数式

表7.4 球面調和関数のうちの $\Theta_{lm}(\theta)$

$\Theta_{00}(\theta) = \sqrt{2}/2$

$\Theta_{10}(\theta) = (\sqrt{6}/2)\cos\theta$

$\Theta_{1\pm1}(\theta) = (\sqrt{3}/2)\sin\theta$

$\Theta_{20}(\theta) = (\sqrt{10}/4)(3\cos^2\theta - 1)$

$\Theta_{2\pm1}(\theta) = (\sqrt{15}/2)\sin\theta\cos\theta$

$\Theta_{2\pm2}(\theta) = (\sqrt{15}/4)\sin^2\theta$

$\Theta_{30}(\theta) = (\sqrt{14}/4)(5\cos^3\theta - 3\cos\theta)$

$\Theta_{3\pm1}(\theta) = (\sqrt{42}/8)\sin\theta(5\cos^2\theta - 1)$

$\Theta_{3\pm2}(\theta) = (\sqrt{105}/4)\sin^2\theta\cos\theta$

$\Theta_{3\pm3}(\theta) = (\sqrt{70}/8)\sin^3\theta$

$\Theta_{40}(\theta) = (3\sqrt{2}/16)(35\cos^4\theta - 30\cos^2\theta + 3)$

$\Theta_{4\pm1}(\theta) = (3\sqrt{10}/8)\sin\theta(7\cos^3\theta - 3\cos\theta)$

$\Theta_{4\pm2}(\theta) = (3\sqrt{5}/8)\sin^2\theta(7\cos^2\theta - 1)$

$\Theta_{4\pm3}(\theta) = (3\sqrt{70}/8)\sin^3\theta\cos\theta$

$\Theta_{4\pm4}(\theta) = (3\sqrt{35}/16)\sin^4\theta$

$\Theta_{50}(\theta) = (\sqrt{22}/16)(63\cos^5\theta - 70\cos^3\theta + 15\cos\theta)$

$\Theta_{5\pm1}(\theta) = (\sqrt{165}/16)\sin\theta(21\cos^4\theta - 14\cos^2\theta + 1)$

$\Theta_{5\pm2}(\theta) = (\sqrt{1155}/8)\sin^2\theta(3\cos^3\theta - \cos\theta)$

$\Theta_{5\pm3}(\theta) = (\sqrt{770}/32)\sin^3\theta(9\cos^2\theta - 1)$

$\Theta_{5\pm4}(\theta) = (3\sqrt{385}/16)\sin^4\theta\cos\theta$

$\Theta_{5\pm5}(\theta) = (3\sqrt{154}/32)\sin^5\theta$

原子軌道 χ_{nlm} を表す数式は動径部分と角部分の数式を掛け合わせて求められる．たとえば，χ_{100}（1s軌道）では以下のようになる．

$$\chi_{1s} = \chi_{100} = R_{10}(r)\,\Theta_{00}(\theta)\,\Phi_0(\varphi)$$

$$= 2\exp(-r)\cdot\frac{\sqrt{2}}{2}\cdot\frac{1}{\sqrt{2\pi}}$$

$$= \frac{1}{\sqrt{\pi}}\exp(-r) \tag{7.7}$$

他の軌道の数式も同様に求められるが，$m \neq 0$ の軌道では複素関数（虚数単位 $i(i^2 = -1)$ を含む関数）となり取り扱いにくいので，以下の数式によっ

表7.5 球面調和関数のうちの $\Phi_m(\varphi)$ の数式(左)と，$\pm m$ の2つの複素関数から得られる実関数(右)($1/\sqrt{2}$ または $1/i\sqrt{2}$ によって規格化してある)

$\Phi_0(\varphi) = 1/\sqrt{2\pi}$

$\Phi_1(\varphi) = (1/\sqrt{2\pi})\exp(i\varphi)$ $\begin{cases}(1/\sqrt{\pi})\cos\varphi\\(1/\sqrt{\pi})\sin\varphi\end{cases}$
$\Phi_{-1}(\varphi) = (1/\sqrt{2\pi})\exp(-i\varphi)$

$\Phi_2(\varphi) = (1/\sqrt{2\pi})\exp(i\,2\varphi)$ $\begin{cases}(1/\sqrt{\pi})(\cos^2\varphi - \sin^2\varphi)\\(2/\sqrt{\pi})\sin\varphi\cos\varphi\end{cases}$
$\Phi_{-2}(\varphi) = (1/\sqrt{2\pi})\exp(-i\,2\varphi)$

$\Phi_3(\varphi) = (1/\sqrt{2\pi})\exp(i\,3\varphi)$ $\begin{cases}(1/\sqrt{\pi})(4\cos^3\varphi - 3\cos\varphi)\\(1/\sqrt{\pi})(3\sin\varphi - 4\sin^3\varphi)\end{cases}$
$\Phi_{-3}(\varphi) = (1/\sqrt{2\pi})\exp(-i\,3\varphi)$

$\Phi_4(\varphi) = (1/\sqrt{2\pi})\exp(i\,4\varphi)$ $\begin{cases}(1/\sqrt{\pi})(\cos^4\varphi - 6\sin^2\varphi\cos^2\varphi + \sin^4\varphi)\\(4/\sqrt{\pi})(\sin\varphi\cos^3\varphi - \sin^3\varphi\cos\varphi)\end{cases}$
$\Phi_{-4}(\varphi) = (1/\sqrt{2\pi})\exp(-i\,4\varphi)$

$\Phi_5(\varphi) = (1/\sqrt{2\pi})\exp(i\,5\varphi)$
$\Phi_{-5}(\varphi) = (1/\sqrt{2\pi})\exp(-i\,5\varphi)$
$\begin{cases}(1/\sqrt{\pi})(4\cos^5\varphi - 4\cos^3\varphi\sin^2\varphi + 8\cos\varphi\sin^4\varphi\\\quad - 3\cos\varphi\sin^2\varphi - 3\cos^3\varphi)\\(1/\sqrt{\pi})(4\sin^5\varphi - 4\sin^3\varphi\cos^2\varphi + 8\sin\varphi\cos^4\varphi\\\quad - 3\sin\varphi\cos^2\varphi - 3\sin^3\varphi)\end{cases}$

て実関数に変換して用いる．

$$\frac{1}{\sqrt{2}}(\chi_{nlm} + \chi_{nl-m}) \tag{7.8}$$

$$\frac{1}{i\sqrt{2}}(\chi_{nlm} - \chi_{nl-m}) \tag{7.9}$$

ただし，上式における $1/\sqrt{2}$，$1/i\sqrt{2}$ は，規格化定数である．

表7.6には，上記の変換を行った後，exp項の中以外の r, θ, φ を，図7.1に示した数式によってデカルト座標 (x, y, z) に置きかえた数式が示してある．

7.3 原子軌道の形

前節の式(7.7)で示される1s軌道は，r だけの関数で，θ, φ を含んでいない．このことは，2s，3s，…，など全てのs軌道に共通している（表7.5参照）．1s軌道が r だけの関数であることは，r が等しい点上の関数値が全て等しいことを表す．原点からの距離 r が等しい点の集まりは球（より厳密には球殻）であるから，1s軌道の等値曲面（関数値が等しい面）は**球**（sphere）

7.3 原子軌道の形

表7.6 原子軌道の実関数（r の単位は au（$1 \text{ au} = 52.92 \text{ pm} = a_0$））（その1）

$\chi_{1s} = (1/\sqrt{\pi}) \exp(-r)$

$\chi_{2s} = (1/4\sqrt{2\pi})(2-r) \exp(-r/2)$

$\chi_{2p_x} = (1/4\sqrt{2\pi}) \exp(-r/2) x$

$\chi_{2p_y} = (1/4\sqrt{2\pi}) \exp(-r/2) y$

$\chi_{2p_z} = (1/4\sqrt{2\pi}) \exp(-r/2) z$

$\chi_{3s} = (1/81\sqrt{3\pi})(27 - 18\,r + 2\,r^2) \exp(-r/3)$

$\chi_{3p_x} = (2/81\sqrt{2\pi})(6-r) \exp(-r/3) x$

$\chi_{3p_y} = (2/81\sqrt{2\pi})(6-r) \exp(-r/3) y$

$\chi_{3p_z} = (2/81\sqrt{2\pi})(6-r) \exp(-r/3) z$

$\chi_{3d_{3z^2-r^2}} = (1/81\sqrt{6\pi}) \exp(-r/3)(3z^2 - r^2)$

$\chi_{3d_{xy}} = (2/81\sqrt{2\pi}) \exp(-r/3) xy$

$\chi_{3d_{yz}} = (2/81\sqrt{2\pi}) \exp(-r/3) yz$

$\chi_{3d_{zx}} = (2/81\sqrt{2\pi}) \exp(-r/3) zx$

$\chi_{3d_{x^2-y^2}} = (1/81\sqrt{2\pi}) \exp(-r/3)(x^2 - y^2)$

$\chi_{4s} = (1/1536\sqrt{\pi})(192 - 144\,r + 24\,r^2 - r^3) \exp(-r/4)$

$\chi_{4p_x} = (1/512\sqrt{5\pi})(80 - 20\,r + r^2) \exp(-r/4) x$

$\chi_{4p_y} = (1/512\sqrt{5\pi})(80 - 20\,r + r^2) \exp(-r/4) y$

$\chi_{4p_z} = (1/512\sqrt{5\pi})(80 - 20\,r + r^2) \exp(-r/4) z$

$\chi_{4d_{3z^2-r^2}} = (1/3072\sqrt{\pi})(12 - r) \exp(-r/4)(3z^2 - r^2)$

$\chi_{4d_{xy}} = (1/512\sqrt{3\pi})(12 - r) \exp(-r/4) xy$

$\chi_{4d_{yz}} = (1/512\sqrt{3\pi})(12 - r) \exp(-r/4) yz$

$\chi_{4d_{zx}} = (1/512\sqrt{3\pi})(12 - r) \exp(-r/4) zx$

$\chi_{4d_{x^2-y^2}} = (1/1024\sqrt{3\pi})(12 - r) \exp(-r/4)(x^2 - y^2)$

$\chi_{4f_{5z^3-3zr^2}} = (1/3072\sqrt{5\pi}) \exp(-r/4) z(5z^2 - 3r^2)$

$\chi_{4f_{5xz^2-xr^2}} = (1/1024\sqrt{30\pi}) \exp(-r/4) x(5z^2 - r^2)$

$\chi_{4f_{5yz^2-yr^2}} = (1/1024\sqrt{30\pi}) \exp(-r/4) y(5z^2 - r^2)$

$\chi_{4f_{xyz}} = (1/512\sqrt{3\pi}) \exp(-r/4) xyz$

$\chi_{4f_{zx^2-zy^2}} = (1/1024\sqrt{3\pi}) \exp(-r/4) z(x^2 - y^2)$

$\chi_{4f_{x^3-3xy^2}} = (1/3072\sqrt{2\pi}) \exp(-r/4) x(x^2 - 3y^2)$

$\chi_{4f_{3yx^2-y^3}} = (1/3072\sqrt{2\pi}) \exp(-r/4) y(3x^2 - y^2)$

となる．他のs軌道も r だけの関数なので，s軌道の形は球である．s軌道という名称は，スペクトル線がsharpであったことに由来するが，むしろ，sphericalの頭文字にすべきであるという考え方もある．

第7章 水素原子

表7.6 原子軌道の実関数（r の単位は au（1 au $= 52.92$ pm $= a_0$））（その2）

$$\chi_{5s} = (1/46875\sqrt{5\pi})(9375 - 7500\,r + 1500\,r^2 - 100\,r^3 + 2\,r^4)\exp(-r/5)$$

$$\chi_{5p_x} = (2/46875\sqrt{10\pi})(3750 - 1125\,r + 90\,r^2 - 2\,r^3)\exp(-r/5)\,x$$

$$\chi_{5p_y} = (2/46875\sqrt{10\pi})(3750 - 1125\,r + 90\,r^2 - 2\,r^3)\exp(-r/5)\,y$$

$$\chi_{5p_z} = (2/46875\sqrt{10\pi})(3750 - 1125\,r + 90\,r^2 - 2\,r^3)\exp(-r/5)\,z$$

$$\chi_{5d_{3z^2-r^2}} = (1/46875\sqrt{14\pi})(525 - 70\,r + 2\,r^2)\exp(-r/5)(3\,z^2 - r^2)$$

$$\chi_{5d_{xy}} = (2/3125\sqrt{70\pi})(525 - 70\,r + 2\,r^2)\exp(-r/5)\,xy$$

$$\chi_{5d_{yz}} = (2/3125\sqrt{70\pi})(525 - 70\,r + 2\,r^2)\exp(-r/5)\,yz$$

$$\chi_{5d_{zx}} = (2/3125\sqrt{70\pi})(525 - 70\,r + 2\,r^2)\exp(-r/5)\,zx$$

$$\chi_{5d_{x^2-y^2}} = (1/3125\sqrt{70\pi})(525 - 70\,r + 2\,r^2)\exp(-r/5)(x^2 - y^2)$$

$$\chi_{5f_{5z^3-3zr^2}} = (1/46875\sqrt{10\pi})(20 - r)\exp(-r/5)\,z(5\,z^2 - 3\,r^2)$$

$$\chi_{5f_{5xz^2-xr^2}} = (1/15625\sqrt{15\pi})(20 - r)\exp(-r/5)\,x(5\,z^2 - r^2)$$

$$\chi_{5f_{5yz^2-yr^2}} = (1/15625\sqrt{15\pi})(20 - r)\exp(-r/5)\,y(5\,z^2 - r^2)$$

$$\chi_{5f_{xyz}} = (2/15625\sqrt{6\pi})(20 - r)\exp(-r/5)\,xyz$$

$$\chi_{5f_{zx^2-zy^2}} = (1/15625\sqrt{6\pi})(20 - r)\exp(-r/5)\,z(x^2 - y^2)$$

$$\chi_{5f_{x^3-3xy^2}} = (1/93750\sqrt{\pi})(20 - r)\exp(-r/5)\,x(x^2 - 3\,y^2)$$

$$\chi_{5f_{3yx^2-y^3}} = (1/93750\sqrt{\pi})(20 - r)\exp(-r/5)\,y(3x^2 - y^2)$$

1s軌道には**節面**（nodal surface；関数値が0になる面，この面を境に関数値の符号が変化する面）は存在しない．2s軌道の数式の値を0とおくと，表7.5から，$r = 2$ という根が求まる．2s軌道には，$r = 2$ au（$= 2 \times 53$ pm）のところに節面がある．3s，4s，$\cdots$ では，r の関数は2次式，3次式，$\cdots$ となっている（表7.6）．したがって，それぞれ，2個，3個，$\cdots$ の球殻状の節面を持つことになる．一般に，量子数 n の原子軌道は $n - 1$ 個の節面を持っている．

s，p，d，f，$\cdots$ 軌道の形を図7.4に示した．2p軌道（χ_{210} などの軌道）の形は，亜鈴形であるといわれることが多い．亜鈴というのは，体操用具のダンベル（dumbbell）のことであるが，2p軌道には，ダンベルの中央の棒はない．また，ダンベルの両端は球であるが，2p軌道の場合は，むしろ，ハンバーガーのパンのような形をしている．2つの閉曲面をlobeと呼ぶ．2つのlobeの符号は一方が+，他方が-で，2p_z軌道であれば $z = 0$，すなわち XY 平面が節面となる．表7.6からわかるように，他の2p軌道は，$x = 0$（YZ

7.3 原子軌道の形

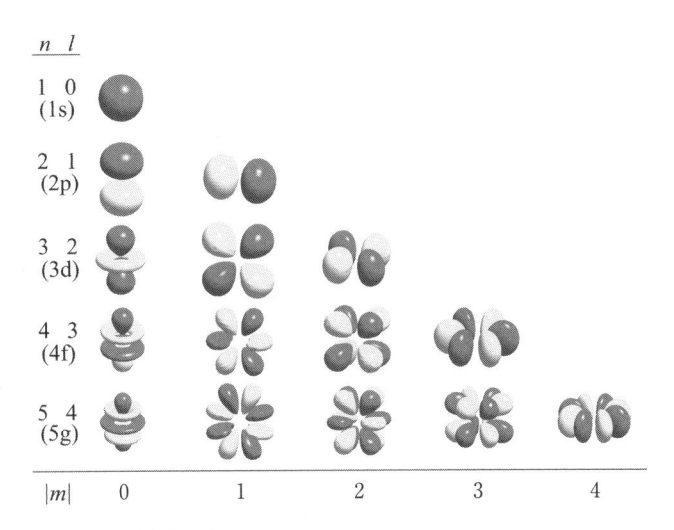

n l					
1 0 (1s)					
2 1 (2p)					
3 2 (3d)					
4 3 (4f)					
5 4 (5g)					
$|m|$	0	1	2	3	4

図 7.4 水素原子の原子軌道の形
　　　表 7.6 の実関数の等値曲面を描いたもの．これらは埼玉大学工学部応用化学科 野口文雄 助教授の指導の下で，平熊 真 氏の努力によりプログラミングされた結果の出力である．Z 軸は図の下方から上方に向いている．

```
ParametricPlot3D[{Cos[theta] Cos[phi], Cos[theta] Sin[phi], Cos[theta]/1.732}, {phi, 0, 2π}
```

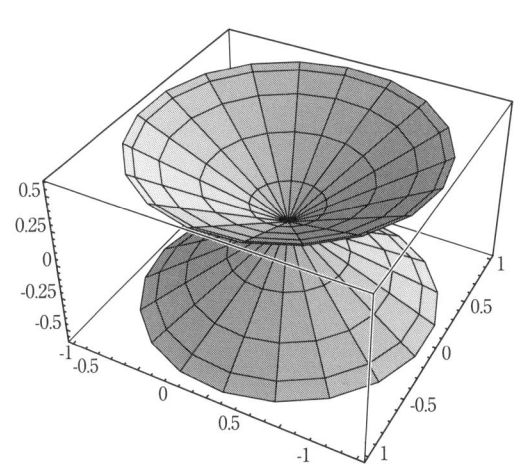

図 7.5　3 d$_{3z^2-r^2}$ 軌道の節面（Mathematica による出力）

平面), $y = 0$ (ZX 平面) が節面となっていて, その形はいずれも $2\,\mathrm{p}_z$ と同じである.

3 つの p 軌道は, このように, x, y, z 方向に直角に位置していることから, スペクトル線が principal であったことに由来する名称を, perpendicular の頭文字に変えるべきだという説もある. 2 p, 3 p, $\cdots$, の各軌道には, 平面の節面のほかに, $n-2$ 個の球殻状の節面がある (表 7.6 の数式で確認できる).

表 7.6 の $3\,\mathrm{d}_{3z^2-r^2}$ 軌道の形は, 図 7.4 に χ_{320} (3 d の行のいちばん左) として示してある. 等値曲面はいずれも＋符号の 2 つの lobe と, 中央のドーナツ状 (torus 状) の－符号の lobe で表される. 節面は表 7.6 の式の値を 0 とおくと

$$3z^2 - r^2 = 3r^2\cos^2\theta - r^2 = r^2(3\cos^2\theta - 1) \qquad (7.10)$$

であるから, $\cos\theta = \pm 1/\sqrt{3}$, すなわち, $\theta = 54.7°$ ならびに $125.3°$ と求められる. これは, 図 7.5 に示すような円錐形 (conical) の 2 つの節面を表す. $m = 0$ の 4 d, 5 d, $\cdots$ は同じ形で, 球形の節面を 1, 2, $\cdots$ 個有している.

3 d 軌道のその他の 4 個の軌道は, クローバ形の同じ形 (図 7.4) で, ただその方向だけが異なる. 表 7.6 の数式から, これらは平面状の節面を 2 つずつ持っていることがわかる.

高次の軌道についても, 等値曲面や節面の形 (図 7.4) を, 表 7.6 の数式とも見比べながら同様に検証することが可能である.

7.4 原子軌道における波動性

原子軌道 χ は, 波動方程式を解いて得られるものであるから, χ には波動の性質が含まれているはずである. χ の数式には, x, y, z という 3 つの変数が含まれているので, 3 次元の波動ということになる. 図 7.6 は, 原子軌道の断面図のパターンと, 第 5 章で調べた円形膜の振動パターンを対比させて示したものである. この図から, たとえば 1 s 軌道は, 円形膜の基音 ($j = 0$, $i = 1$) の振動パターン, 2 p 軌道は, 円形膜における $j = 1$, $i = 1$ の振動パターンに対応するという具合いに, 明らかな位相幾何学的対応関係が見られる.

7.4 原子軌道における波動性

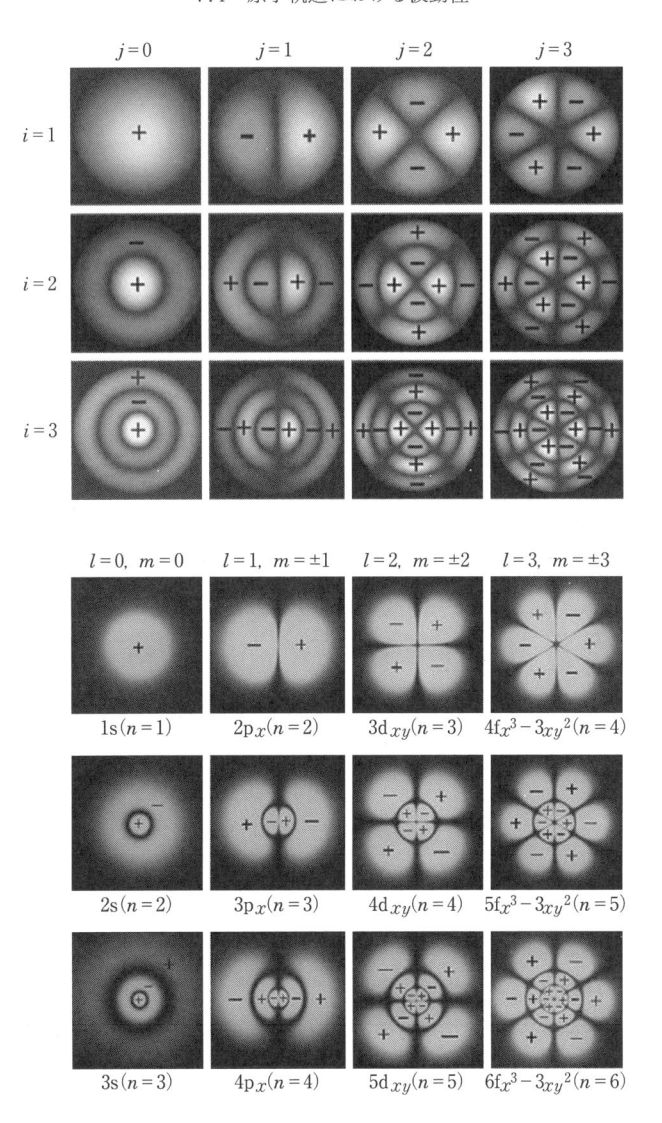

図7.6 円形膜の振動パターン（動径節線の数を i，方位節線の数を j で示した）と，水素原子の原子軌道の断面図の類似性

第4章で光や電子の波の干渉について取り扱った．原子軌道が波の性質を持つということは，2つの軌道が干渉するということである．第8章以降の各章では，分子の中での電子の状態が，原子軌道同士の同位相での結びつき（光でいえば，明るくなる干渉）と，逆位相での結びつき（暗くなる干渉）の2種に分けられることを学ぶ．同位相（＋と＋または－と－）の結びつきは，結合性分子軌道という安定な軌道をつくり，逆位相（＋と－）の結びつきは，反結合性分子軌道という不安定な軌道を形成する．原子軌道や分子軌道における波動性は，このように，原子，分子の安定性や反応性をはじめとする諸性質を理解するうえで，きわめて大切である．

演 習 問 題

[1] 元素の周期表における第 i 周期の元素の数を N とするとき，N を i で表す一般式を求め，どうしてそのような規則性が得られるかを考察せよ．
[2] 水素原子の原子軌道 χ_{200} を，表 7.3～7.5 の数式を組み合わせて求める過程を示せ．
[3] 問［2］と同様にして，$\chi_{210}, \chi_{211}, \chi_{21-1}$ を求める過程を示せ．θ, φ は，そのまま残すこと．
[4] 問［3］で求めた χ_{210} を，x, y, z 座標系で書け（r はそのまま用いてもよい）．
[5] 問［3］で求めた χ_{211}, χ_{21-1} の数式を組み合わせて，規格化された2つの新しい原子軌道 χ_A, χ_B を求めよ．θ, φ は，そのまま残すこと．
[6] 問［5］で求めた χ_A, χ_B を，問［4］と同様に x, y, z 座標系で書け．
[7] XY 平面上に，問［6］で求めた2つの原子軌道 χ_A, χ_B の等値曲線の略図を描き，それぞれの閉曲線内の符号を記せ．つぎに，下記の積分の値を求めよ．
$$\iiint^{\text{全空間}} \chi_A \chi_B \, dxdydz$$
[8] χ_{1s} および χ_{1s}^2 の値を r 軸に対してプロットせよ．
[9] $4\pi r^2 \chi_{1s}^2$ の値を r 軸に対してプロットし，極値を与える r の値を求めよ．

第8章 自由電子模型とその活用

これからの各章（第8〜14章）では，分子の中の電子の状態を求めるいろいろな方法（分子軌道法）とその活用例を取り扱う．本章では，いろいろな分子軌道法の特質を簡単に比較した後，最も単純な方法である自由電子模型（FEM）法について解説する．まず，シュレーディンガーの方程式を解くと量子数が「自由に」導出できることを体験していただき，その結果として得られる分子軌道が波動性を持つことを確認する（各自に計算していただくという意味）．FEM法は，どのような系に適用するのがよいかを考えていただくのもこの章のねらいのひとつである．

8.1 いろいろな分子軌道法における自由電子模型の位置づけ

分子に対するシュレーディンガーの波動方程式は，電子数を n，原子軌道数を N として，以下のように書ける．

$$\left[-\frac{h^2}{8\pi^2 m}\sum_{i=1}^{n}\left(\frac{\partial^2}{\partial x_i^2}+\frac{\partial^2}{\partial y_i^2}+\frac{\partial^2}{\partial z_i^2}\right) - \sum_{i=1}^{n}\sum_{a=1}^{N}\frac{k_0 Z_a e^2}{r_{ia}} + \sum_{i=1}^{n}\sum_{j>i}^{n}\frac{k_0 e^2}{r_{ij}} + \sum_{a=1}^{N}\sum_{b>a}^{N}\frac{k_0 Z_a Z_b e^2}{r_{ab}} \right]\Psi = E\Psi \tag{8.1}$$

ただし，Ψ は全波動関数で，n 個の電子の状態を表す．$Z_a e$ は，a 番目の原子の核電荷である．

ハミルトニアンの第1項は運動エネルギー項，第2項は電子と核の引力ポテンシャル，第3項は電子 i, j 同士の斥力ポテンシャル，第4項は核 a, b 同士の斥力ポテンシャルである．

水素原子のシュレーディンガーの波動方程式（6.8）は解析的に解けるが，分子に対する式（8.1）は解析解が得られない．そこで，いろいろな近似解法

表 8.1　いろいろな分子軌道法の名称と特徴

方法	名称	取り扱う電子	特徴
経験的	自由電子模型 (Free Electron Model)	π 電子	等価な共鳴系に有効.
	HMO (Hückel MO)	π 電子	すべての MO 法の基礎. 定性的だが見通しがよい.
半経験的	PPP (Pariser-Parr-Pople)	π 電子	平面分子の電子吸収スペクトルの計算に適する.
	PM 5 (Parametric Method 5)	全価電子	分子の平衡構造, 双極子モーメント, イオン化ポテンシャル等の構造パラメーター, 反応のポテンシャル曲線の計算.
非経験的	*ab initio* 法 (GAUSSIAN 03)	全電子	基底関数を増やすと計算の精度を高めることができる. 精度を高めたものは, すべての MO 法のうちで最も信頼できる結果を与えるが, 計算時間は増大する.

が工夫されている. 表 8.1 に, それらの近似のうち, 代表的なものを記した.

　表の中で, 経験的方法というのは, ハミルトニアンの斥力項の全てまたは一部を無視し, 適当な実験値 (経験値) を補う等の工夫をしたものである. 半経験的方法では, 斥力項を無視しないが, 計算の途中で出てくるいろいろな形の積分の値の一部に実験値を用いる. 非経験的方法では, 全ての積分を計算によって求める.

　経験的, 半経験的, 非経験的という順で, 近似をすすめた取扱い (more sophisticated method) であるといわれる. 計算量もこの順に増大する.

　非経験的方法は, 分子の形をはじめとする基底状態に関する数値計算において, 最も信頼できる結果を与える. 励起状態が関係する計算では, 後述する配置間相互作用 (第 10 章) の取扱いに工夫を凝らす必要がある. 基底状態の計算においても, 正確な解を得るためには, 基底関数をたくさん使わなければならないので, 軌道概念が失われる.

　半経験的方法は, 少ない計算時間で定量的な計算を行いたい場合に適した方

法である．

経験的方法は，軌道の幾何学的な対称性から反応性を予測するなどの定性的な取扱いに適している．この成功例として，ウッドワード・ホフマン則（第14章）はあまりにも有名である．

8.2 自由電子模型における近似

表 8.1 のなかで，最も簡単な近似は，**自由電子模型**（free electron model, FEM）である．FEM 法では，波動方程式（8.1）を解析解が得られる形に変形するために，次の仮定をおく．

(a) σ 電子と π 電子は相互作用しないと仮定し，π 電子のみを取り扱う．
(b) 1 電子波動関数を用いる（ここでは ϕ で表す）．
(c) 1 次元箱型（井戸型）ポテンシャルを用いる．

ただし，σ 電子，π 電子とは，それぞれ，**σ 結合**（sigma bond），**π 結合**（pi bond）を形成している電子（11.3 節参照）である．

箱型ポテンシャル V を図 8.1 に示す．本当は，断面図が破線のようなポテンシャルが 3 次元的に広がっているはずであるが，これを，図のように，長さ L の 1 次元箱型のモデルに近似する．箱の外側（$x = 0$ 以下ならびに $x = L$ 以上）では V は無限大なので，箱の内側では $V = 0$ とする．

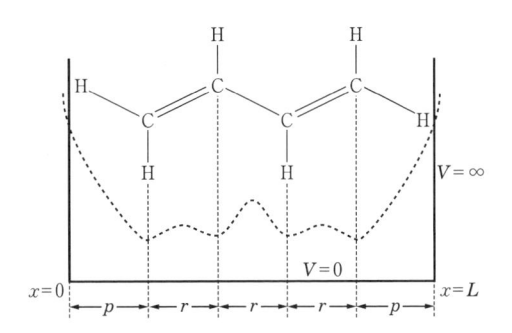

図 8.1 ブタジエンの π 電子のポテンシャル（破線）と，箱型ポテンシャル V（実線）による近似

1次元の箱の中の電子に対する波動方程式は，すでに第6章に記した式(6.6)そのものである．

8.3 分子軌道エネルギー E と分子軌道 ϕ

図8.1に記したように，$x = 0$ または L のとき，$V = \infty$ である．式(6.6)の V に ∞ を代入したとき，左辺が一定値を持つためには，ϕ は0でなければならない．これを境界条件という．式(6.6)をこの境界条件ならびに分子軌道 ϕ の規格化条件の下に解くと，**分子軌道エネルギー**（molecular orbital energies；E）と分子軌道 ϕ が式(8.2)，(8.3)のように求まる．実際に計算してみると，シュレーディンガーの波動方程式を解く過程で量子数（ここでは n）が"自然に"求まることを体験できる（演習問題［1］参照）．

$$E_n = \frac{n^2 h^2}{8mL^2} \quad (n = 1, 2, 3, \cdots) \tag{8.2}$$

$$\phi_n = \sqrt{\frac{2}{L}} \sin \frac{n\pi}{L} x \quad (n = 1, 2, 3, \cdots) \tag{8.3}$$

量子数 n の上限は，系の π 軌道数で，ブタジエンの場合は4となる．したがって，ブタジエンの ϕ_n を図示すると，図8.2のようになる．この図における2p軌道の形は，実際よりも細長く描いてある．各原子上の2p軌道の大きさの比は，次章HMO法で求める分子軌道の係数 $c_{a\mu}$ の比と一致する．

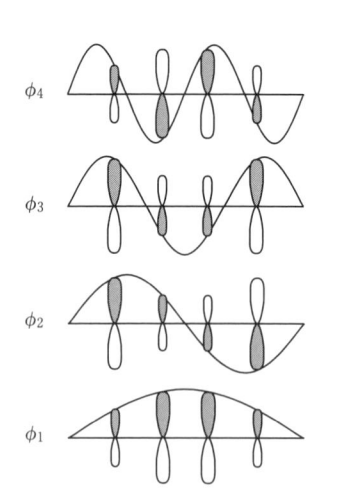

図8.2 FEM法で求めたブタジエンの分子軌道 $\phi_1 \sim \phi_4$

8.4 鎖状共役ポリエン類の光吸収

ブタジエンの分子軌道エネルギーと電子配置を図8.3（a）に示す．○印で示す電子は E_2（つまり ϕ_2）まで詰まって

8.4 鎖状共役ポリエン類の光吸収

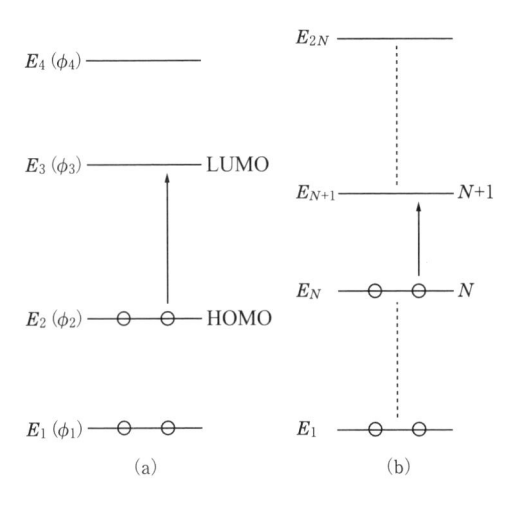

図 8.3 ブタジエン (a) および $2N$ 個の電子を含む中性ポリエン (b) における電子配置

いる. ϕ_2 を HOMO (電子が詰まっている一番上の軌道, highest occupied molecular orbital；**最高被占分子軌道**) という. 電子が空の一番下の軌道は ϕ_3 で, LUMO (lowest unoccupied MO；**最低空分子軌道**) という.

経験的方法では, 光吸収による遷移エネルギー ΔE は, LUMO と HOMO のエネルギー差で与えられる. 図 8.3 (b) に示すように, HOMO の番号を N, LUMO の番号を $N+1$ とすれば次式となる.

$$\Delta E = E_{N+1} - E_N = \frac{(2N+1)h^2}{8mL^2} \tag{8.4}$$

ここで

$$\Delta E = h\nu = \frac{hc}{\lambda} \tag{8.5}$$

の関係式を用いて吸収極大波長 λ を求める式に変形し, さらに定数の値を代入すると

$$\lambda = \frac{3297\,L^2}{2N+1} \tag{8.6}$$

が得られる. ただし, λ, L の単位は nm, 3297 の次元は nm^{-1} である.

ブタジエンの L の構成要素を図 8.1 のように r と p で表し, 共役ポリエン

表8.2　H–(CH=CH)ₘ–H の光吸収

m	λ_{max}/nm	
	実測値[a]	計算値[b]
1	180	145
2	217	242
3	268	339
4	304	436
5	334	533
6	364	630
8	410	823
10	447	1017

a) S. Sondhelmer, D. A. Ben-Efra, R. Wolovsky: *J. Am. Chem. Soc.*, **83**, 1675 (1961).
b) $r = p = 0.1212$ nm として計算.

の平均 C–C 結合距離を 0.14 nm としたとき，

$$r = p = 0.14\,\text{nm} \times \cos 30°$$

と考え，$N = 2$ を代入すると，ブタジエンの λ は次式のように求められる．

$$\lambda = 242\,\text{nm}$$

表 8.2 は，ほかの中性ポリエンについても同様に計算して実測値と比較したものである．$m = 1$（エチレン）と $m = 2$（ブタジエン）では実測値に近いといえなくもないが，$m = 10$ では 570 nm も異なっている．

以上から，中性ポリエンを自由電子模型で取り扱うと，分子軌道の係数の大きさや対称性に関しては有用な知見が得られるが，光吸収に関しては不合理な結果しか得られないことがわかる．

8.5　自由電子模型の活用

中性ポリエンの光吸収が FEM 法で適切に計算できなかった理由は，モデル化の失敗にもとづく．図 8.4 に示すように，ブタジエン (1) の共鳴形 (1a) や (1c) は，(1b) と等価ではない．(1a) や (1c) はイオン構造なので不安定で，(1b) に比べると寄与が少ない．したがって C^1–C^2（または C^3–C^4）結合と C^2–C^3 結合の二重結合性を比較すると，前者の方が後者より大きいことになる．すなわち，ブタジエンにおける π 電子の動きは完全に自由ではなく，C^1–C^2 または C^3–C^4 結合に局在しやすい．次章で述べる結合次数の計算からも，C^1–C^2（または C^3–C^4）結合の方が，C^2–C^3 結合よりも二重結合性が大きいことがわかり，共鳴理論による考察と同じ傾向である．この種の結合の交互性を**結合交替**（bond alternation）という．

図 8.4 のポリエン (2) は，プロトン化によりポリエニル陽イオン (3) を生

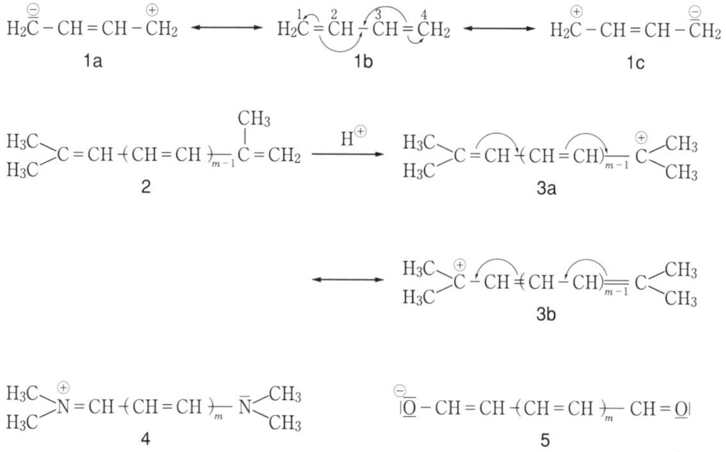

8.5 自由電子模型の活用

$\overset{\ominus}{H_2C}-CH=CH-\overset{\oplus}{CH_2} \longleftrightarrow \overset{1}{H_2C}\!=\!\overset{2}{CH}\!-\!\overset{3}{CH}\!=\!\overset{4}{CH_2} \longleftrightarrow \overset{\oplus}{H_2C}-CH=CH-\overset{\ominus}{CH_2}$
　　　1a　　　　　　　　　　　　1b　　　　　　　　　　　　1c

$\begin{array}{c}H_3C\\H_3C\end{array}\!\!>\!\!C=CH\!-\!\!\left(CH=CH\right)_{m-1}\!\!\overset{CH_3}{\underset{}{C}}\!\!=\!CH_2 \xrightarrow{H^{\oplus}} \begin{array}{c}H_3C\\H_3C\end{array}\!\!>\!\!C=CH\!-\!\!\left(CH=CH\right)_{m-1}\!\!\overset{\oplus}{C}\!\!<\!\!\begin{array}{c}CH_3\\CH_3\end{array}$
　　　　　　　　　　2　　　　　　　　　　　　　　　　　　　　　　3a

$\longleftrightarrow \begin{array}{c}H_3C\\H_3C\end{array}\!\!>\!\!\overset{\oplus}{C}\!-\!CH\!-\!\!\left(CH=CH-\right)_{m-1}\!\!C\!\!<\!\!\begin{array}{c}CH_3\\CH_3\end{array}$
　　　　　　　　　　　　　　　　3b

$\begin{array}{c}H_3C\\H_3C\end{array}\!\!>\!\!\overset{\oplus}{N}\!=\!CH\!-\!\!\left(CH=CH\right)_m\!\!\overset{}{N}\!\!<\!\!\begin{array}{c}CH_3\\CH_3\end{array}$　　　$\overset{\ominus}{|\underline{O}|}-CH=CH-\!\!\left(CH=CH\right)_m\!\!-CH=\underline{O}|$
　　　　　　　4　　　　　　　　　　　　　　　　　　　　　5

図 8.4 中性の共役ポリエン類 (1, 2),ポリエニル陽イオン (3),シアニン類 (4) および オキソノール類 (5) の構造式

成する.(3)は,(3a)と(3b)の共鳴混成体である.(3a)と(3b)は等価なので,共鳴において等しい寄与をする.すなわち共役系の各炭素原子間の結合は,いずれも二重結合と単結合の両方の性質を示すことが予想される(共鳴理論によれば,その性質は両者の平均や中間ではなく,そのいずれよりも安定なものである).等価な共鳴式で描ける系は結合交替が少ない系であり,箱型ポテンシャルの仮定に適合すると考えることができる.表 8.3 に,ポリエニル

表 8.3 $(CH_3)_2C=CH\text{-}(CH=CH)_{m-1}\overset{\oplus}{C}(CH_3)_2$ の光吸収

m	λ_{max}/nm	
	実測値[a]	計算値[b]
1	305	323
2	396	389
3	473	465
4	550	545
5	626	627
6	702	709

a) T. S. Sorensen: *J. Am. Chem. Soc.*, **87**, 5075 (1965).
b) $r=0.113$,$p=0.158$ nm として計算.

第8章　自由電子模型とその活用

陽イオンの光吸収に関する計算値と実測値を示す．これらはきわめてよく一致している．

　結合交替が少ないために自由電子模型による光吸収の計算が適用可能な例としては，このほかに，シアニン類 (4) やオキソノール類 (5) がある（図 8.4）．

演 習 問 題

[1]　鎖状共役ポリエチレンを長さ L の箱型ポテンシャル中の 1 個の自由電子として第 6 章で述べた式 (6.6)〔すなわち，$V = 0$ のとき，式 (8.7)〕で扱うものとする．分子軌道を式 (8.8) と仮定して，定数 k を求めよ．また，軌道エネルギー E を求めよ．さらに，定数 A を求めて分子軌道の式を書きおろせ．以上の手続きを下記の過程の空欄を埋めて解答せよ．計算過程もあわせて記すこと．

$$-\frac{h^2}{8\pi^2 m}\frac{d^2\phi}{dx^2} = E\phi \quad (8.7)$$

$$\phi = A\sin kx \quad (8.8)$$

箱の両端（$x = 0$ または $x = L$）では，$V = \infty$ であるから，$\phi = 0$ でなければならないという境界条件を適用する．

　$x = 0$ を式 (8.8) に代入すると，$\phi = A\sin k \cdot 0 = 0$ であるから，$\phi = 0$ となり，境界条件はすでに満足されている．

$x = L$ を式 (8.8) に代入すると

$$\phi = A\sin(k \cdot \boxed{}) = 0$$

$$\therefore\ kL = \boxed{} \quad (8.9)$$

式 (8.9) より

$$k = \boxed{} \quad (8.10)$$

式 (8.10) を式 (8.8) に代入すると

$$\phi = \boxed{} \quad (8.11)$$

式 (8.11) の 1 次および 2 次微分は

$$\frac{d\phi}{dx} = \boxed{} \quad (8.12)$$

$$\frac{d^2\phi}{dx^2} = \boxed{} \quad (8.13)$$

式 (8.11), (8.13) を式 (8.7) に代入して計算すると

$$\boxed{} = \boxed{} \tag{8.14}$$

よってエネルギー E は

$$E_n = \boxed{} \tag{8.15}$$

波動関数 ϕ の2乗は，電子の存在確率を表すから，これを全領域にわたって積分すれば1となる（式 (8.16)）．

$$\int_{全領域} \phi^2 \, d\tau = 1 \tag{8.16}$$

これを規格化条件という．今の系では，変数は x だけで，全領域というのは $x = 0$ から L までであるから，式 (8.17) が成立すればよい．

$$\int_0^L \phi^2 \, dx = 1 \tag{8.17}$$

ϕ に式 (8.11) を代入して計算すると，

$$A = \boxed{} \quad \text{（+の方だけ採用する）} \tag{8.18}$$

以上から

$$\phi_n = \boxed{} \tag{8.19}$$

ヒント：$\cos(\alpha + \beta) = \cos\alpha\cos\beta - \sin\alpha\sin\beta$ の公式から，$\sin^2 x$ を $\cos 2x$ で表す式を導く．

[2] 下の表は，図 8.4 (5) に示したオキソノール類の電子吸収スペクトルにおける最長波長吸収極大の実測値である．分子中の C⋯C または C⋯O 結合部分の長さを r，ローンペアなどの張り出し部分の長さを p とおくとき，$r = 119$ pm, $p = 140$ pm と仮定して $m = 0 \sim 3$ の各分子の吸収極大を式 (8.6) にもとづいて計算し，結果を表に記入せよ．N, L の値と計算過程も記すこと．

m	$\lambda_{\max}^{\text{obsd}}/\text{nm}$	$\lambda_{\max}^{\text{calcd}}/\text{nm}$
0	268	
1	363	
2	455	
3	548	

第9章 ヒュッケル分子軌道法

本章では，全ての分子軌道 (MO) 法の基本として重要なヒュッケル MO (HMO) 法について解説する．まず，HMO 法の手続きを述べ，数式の展開は各自で演習していただく．ご自分で数式を操るのが理解への最短コースであるとの考え方である．この演習は σ 電子系（具体的には水素分子）で行う．HMO 法は π 共役系の計算に利用されることが大部分なので，つぎに，π 系の計算の一般的方法を説明する．この説明はコンピューター入力の形式に合致させてある．つづいて，コンピューターソフトウェアの使い方を説明する．HMO 法は π 共役系分子の電子状態を定性的に予測するために有効であることを，実例を通して体験可能となるような展開が想定されている．

9.1 ヒュッケル分子軌道法の手続き

前の章（8.1節）で述べたように，**ヒュッケル分子軌道** (Hückel molecular orbital, HMO) **法**では，式 (8.1) のハミルトニアンの第3項と第4項を無視する．このとき，ハミルトニアン H は

$$H = \sum_{i=1}^{n} h_i \tag{9.1}$$

のように，それぞれの電子についてのハミルトニアン h_i の和で表される．h_i を1電子有効ハミルトニアンという．この近似の下では，n 個の電子に対する元の方程式 (8.1) を解くことは，1つの電子についての以下の方程式を解くことと同じになる．

$$h\phi_\mu = \varepsilon_\mu \phi_\mu \tag{9.2}$$

ただし，ε_μ は μ 番目の分子軌道のエネルギーである．

分子軌道 ϕ は**原子軌道** $\chi_1, \chi_2, \cdots, \chi_N$ **の線形結合** (linear combination of atomic orbitals, LCAO) により，次式のように表す．

$$\phi_\mu = \sum_{a=1}^{N} c_{a\mu} \chi_a \quad (\mu = 1, 2, \cdots, N) \tag{9.3}$$

式 (9.2) は，式 (8.1) に比べて非常に簡略化されているが，解析的には解けない．そこで，**変分法** (variation method) を用いてつぎの手続きにより ϕ_μ （つまり，$c_{a\mu}$ の組）と ε_μ を求める．式 (9.2) の添字 μ を省略し，両辺に左から ϕ^* （ϕ の複素共役）を掛けて全空間にわたって積分すると，次式が得られる．

$$\int \phi^* \boldsymbol{h} \phi \, d\tau = \varepsilon \int \phi^* \phi \, d\tau \tag{9.4}$$

変分原理によれば，任意の係数 $c_{a\mu}$ の組で表される ϕ を用いて計算した式 (9.5) の ε の値は，真のエネルギー（ε_0）の値よりも小さくなることはない．

$$\therefore \quad \varepsilon = \frac{\int \phi^* \boldsymbol{h} \phi \, d\tau}{\int \phi^* \phi \, d\tau} \geqq \varepsilon_0 \tag{9.5}$$

実際に式 (9.3) を式 (9.5) に代入し，ε が最小になる手続きを行うと，結局，つぎの連立方程式を解けばよいことが導かれる（本章演習問題 [1] 参照）．

$$\sum_{b=1}^{N} (H_{ab} - S_{ab} \varepsilon_\mu) c_{b\mu} = 0 \quad (\mu, a = 1, 2, \cdots, N) \tag{9.6}$$

ただし，S_{ab} は a 番目の原子軌道 χ_a と b 番目の原子軌道 χ_b の**重なり積分** (overlap integral) で，次式で表される．

$$S_{ab} = \int \chi_a \chi_b \, d\tau \tag{9.7}$$

H_{aa} は**クーロン積分** (Coulomb integral) と呼ばれ，次式で表される．これは，a 番目の原子上の電子が a 番目の核に引きつけられることによる安定化エネルギーである．

$$H_{aa} = \int \chi_a \boldsymbol{h} \chi_a \, d\tau \tag{9.8}$$

H_{ab} は**共鳴積分** (resonance integral) と呼ばれ，次式で表される．これは，a 番目の原子と b 番目の原子の間にある電子が，これら 2 つの核に引き付けら

れることによる安定化エネルギーである．

$$H_{ab} = \int \chi_a \mathbf{h} \chi_b \, d\tau \quad (a \neq b) \tag{9.9}$$

式 (9.6) を**永年方程式** (secular equation) という．この N 個の連立方程式において，

$$c_{1\mu} = c_{2\mu} = \cdots = c_{N\mu} = 0 \tag{9.10}$$

であれば式 (9.6) はいつでも成立するが，これでは分子軌道 ϕ_μ の値がいつも 0 になり物理的に意味を持たない．代数学によれば，式 (9.6) が式 (9.10) 以外の解を持つ条件は以下のとおりである．

$$\begin{vmatrix} H_{11}-S_{11}\varepsilon_\mu & H_{12}-S_{12}\varepsilon_\mu & \cdots & H_{1N}-S_{1N}\varepsilon_\mu \\ H_{21}-S_{21}\varepsilon_\mu & H_{22}-S_{22}\varepsilon_\mu & \cdots & H_{2N}-S_{2N}\varepsilon_\mu \\ \cdots & \cdots & \cdots & \cdots \\ H_{N1}-S_{N1}\varepsilon_\mu & H_{N2}-S_{N2}\varepsilon_\mu & \cdots & H_{NN}-S_{NN}\varepsilon_\mu \end{vmatrix} = 0 \tag{9.11}$$

式 (9.11) を**永年行列式** (secular determinant) という．永年行列式を解くと，分子軌道エネルギー ε_μ が原子軌道の数 $(1, 2, \cdots, N)$ だけ求まる．各 ε_μ の値を永年行列式 (9.6) に代入すると，$c_{2\mu}/c_{1\mu}$ などの係数の比が求まる．ここで，分子軌道 ϕ_μ を $c_{1\mu}$ だけで表しておき，規格化条件

$$\int \phi_\mu^2 \, d\tau = 1 \tag{9.12}$$

を適用すると，各分子軌道 ϕ_μ に含まれる原子軌道 χ_b の係数 $c_{b\mu}$ の組を定めることができる．

LCAO 法，変分法などの手続きは，非経験的方法を含むほとんど全ての分子軌道法でもとり入れられている．

9.2 HMO 法における永年方程式の書きおろし方

HMO 法では，σ 電子と π 電子を分離して取り扱い，通常は π 系のみの計算を行う（σ 系のみの計算の例は演習問題にある）．

重なり積分 S_{ab} $(a \neq b)$ の絶対値は 0 と 1 の間にあるが，HMO 法では

S_{ab} ($a \neq b$) を 0 とする．これを**重なり無視の近似** (neglect of overlap) という．S_{aa} は原子軌道の規格化条件なので 1 である．

共役系の炭素原子のクーロン積分 H_{aa} を α，共鳴積分 H_{ab} を β と書き，次式

$$x = \frac{\alpha - \varepsilon}{\beta} \tag{9.13}$$

の置き換えを行うと，共役炭化水素の永年行列式を簡単に書きおろすことができる．ブタジエンの例を図 9.1 および式 (9.14) に示す．

(i) 共役系の原子軌道に番号 (1, 2, …, N) をつける．番号づけの順序はどのようにしても結果は変わらない．

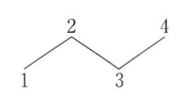

(ii) N 行 N 列の行列式の対角要素を x とおく．

(iii) 非対角要素は，結合のあるところは 1，結合のないところは 0 とおく．

図 9.1 1,3-ブタジエンの共役系

(iv) 行列式の値を 0 とおく．

$$\begin{array}{c} \\ 1 \\ 2 \\ 3 \\ 4 \end{array} \begin{array}{cccc} 1 & 2 & 3 & 4 \\ \end{array} \\ \begin{vmatrix} x & 1 & 0 & 0 \\ 1 & x & 1 & 0 \\ 0 & 1 & x & 1 \\ 0 & 0 & 1 & x \end{vmatrix} = 0 \tag{9.14}$$

式 (9.14) の展開式[†]は x の 4 次式だが，x^3 と x の項がないので手計算でも容易に解け，得られた x の値から ε_μ と ϕ_μ が以下のように求められる．

[†] 与式 $= x \begin{vmatrix} x & 1 & 0 \\ 1 & x & 1 \\ 0 & 1 & x \end{vmatrix} - 1 \begin{vmatrix} 1 & 1 & 0 \\ 0 & x & 1 \\ 0 & 1 & x \end{vmatrix}$
$= x(x^3 + 0 + 0 - 0 - x - x) - 1(x^2 + 0 + 0 - 0 - 1 - 0)$
$= x^4 - 2x^2 - x^2 + 1$
$= x^4 - 3x^2 + 1$

$$\left.\begin{array}{ll}\varepsilon_4 = \alpha - 1.618\beta, & \phi_4 = 0.372\,\chi_1 - 0.602\,\chi_2 + 0.602\,\chi_3 - 0.372\,\chi_4 \\ \varepsilon_3 = \alpha - 0.618\beta, & \phi_3 = 0.602\,\chi_1 - 0.372\,\chi_2 - 0.372\,\chi_3 + 0.602\,\chi_4 \\ \varepsilon_2 = \alpha + 0.618\beta, & \phi_2 = 0.602\,\chi_1 + 0.372\,\chi_2 - 0.372\,\chi_3 - 0.602\,\chi_4 \\ \varepsilon_1 = \alpha + 1.618\beta, & \phi_1 = 0.372\,\chi_1 + 0.602\,\chi_2 + 0.602\,\chi_3 + 0.372\,\chi_4\end{array}\right\}$$
(9.15)

式 (9.15) は，第 8 章の図 8.2 に対応させて下から上にエネルギーが高くなるように並べてある．式 (9.15) の分子軌道 ϕ_μ を図示すれば，図 8.2 と同じになることを確認していただきたい．一般に，近似法を変えるとエネルギーの計算値は大幅に変わることが多いが，分子軌道の係数の符号，大小関係や対称性はほとんど変化しない．

共役系にヘテロ原子 X を含む場合のクーロン積分は

$$\alpha_X = \alpha + j\beta \qquad (9.16)$$

表 9.1　HMO 法におけるクーロン積分 H_{aa} と共鳴積分 $H_{ab}(a \neq b)$ のパラメーター (j, k, l) [a]

軌道	電子数[b]	j[c]	k[d]	l[e]
=C<	1	1	0	1
=N-	1	0.6	0.1	1
-N<	2	1	0.1	1
=O	1	2	0.2	1.4
-O-	2	2	0.2	0.6
-F	2	2.1	0.2	1.25
-Cl	2	1.8	0.18	0.8
-Br	2	1.4	0.14	0.7
-I	2	1.2	0.12	0.6

a) 時田澄男：『目で見る量子化学』（講談社，1987）より抜粋．これらの値は経験的なものなので，すべての系に同じように適用できるとは限らない．
b) 各軌道が π 系に供給する電子数．
c) 原子 a 上のクーロン積分を $\alpha + j\beta$ としたときの j の値．一般に原子 a の電気陰性度が大きいほど j の値も大きくとられることが多い．
d) 原子 a に隣接する炭素原子上のクーロン積分の変化量を $k\beta$ としたときの k の値．k は j の値の 1/10 程度と見積もることが多い．
e) 原子 a, b 間の共鳴部分を $l\beta$ としたときの l の値．

とし，ヘテロ原子に隣接（adjacent）する炭素原子のクーロン積分を

$$\alpha_{\text{adj}} = \alpha + k\beta \tag{9.17}$$

とする．ヘテロ原子 X と隣接する炭素原子 C の間の共鳴積分は

$$\beta_{\text{C–X}} = l\beta \tag{9.18}$$

とする．j, k, l の値の例は，表 9.1 に示してある．

　ヘテロ原子を含む系の永年行列式は，上記（ii）の対角要素のうち，ヘテロ原子には，x のかわりに $x + j$，隣接炭素には $x + k$ を使う．（iii）の非対角要素は，ヘテロ原子が関与する結合のところを 1 のかわりに l に置き換えればよい．たとえば，ホルムアルデヒドの炭素原子の番号を 1 とすれば，式 (9.19) となる．

$$\begin{array}{c} \\ 1 \\ 2 \end{array} \begin{array}{cc} 1 & 2 \\ \left| \begin{array}{cc} x + 0.2 & \sqrt{2} \\ \sqrt{2} & x + 2 \end{array} \right| \end{array} = 0 \tag{9.19}$$

9.3 HMO法計算の実際

　埼玉大学では，HMO 法および PPP 法（次章）の計算を簡便に行えるソフトウェアを開発し，配布している（入手を希望される方は，173 頁をご参照いただきたい）．大阪芸術大学の牧 泉 教授が Visual Basic 言語で作成したものを原型とし，埼玉大学の野口文雄 研究室の藤井秀彦，大久保直也の両氏が C＋＋言語で全面的に書き換えた．たとえば，ブタジエンの入力と計算は以下の通りである．

(a) 初期画面を図 9.2 に示す．○印のところにマウスポインタを置き，クリックすると，共役系の炭素が入力される．ここでは，ブタジエンの入力が完了した図が描いてある（同じ場所でクリックを繰り返すと，画面下部のヘテロ原子に置きかえることも可能である）．

(b) 右下の編集終了のボタンを押し，続く画面（分子骨格の回転や番号の付け替え画面）の OK ボタンをクリックすると，計算画面に切りかわる．

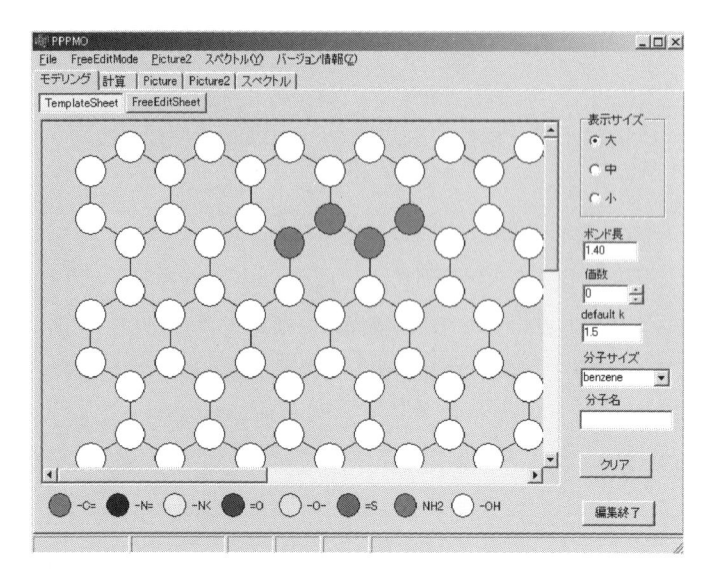

図9.2　HMO法計算プログラムの初期画面

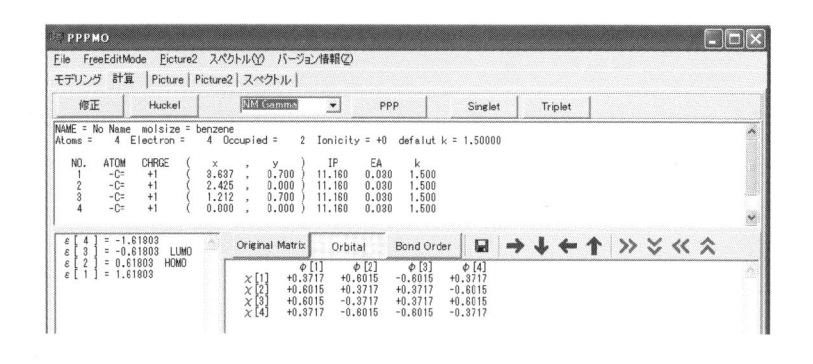

図9.3　ブタジエンのHMO法計算結果

(c) Hückel と書いてあるボタンを押すと，入力座標データと計算結果が図9.3のように示される．HMO計算で用いる永年行列式は，下段のOriginal Matrixを指示すると表示される（対角項には，$x+j$ の j の値だけが示される）．左下の小さい四角の中の $\varepsilon[1]$ が式 (9.15) の ε_1 における β の係数である．右下の大きい四角の中に分子軌道の係数が書かれている．たとえ

9.3 HMO法計算の実際

(a)

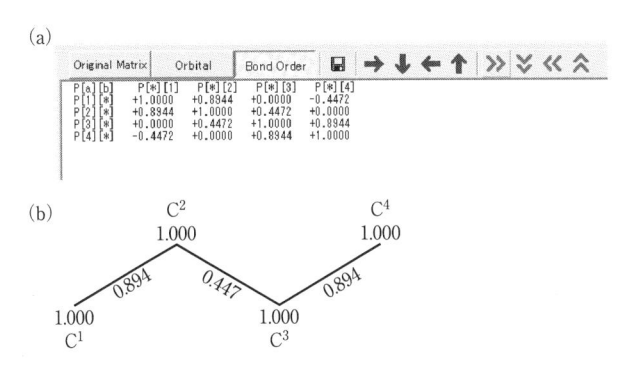

```
       P[a][b]   P[*][1]   P[*][2]   P[*][3]   P[*][4]
P[1][*]          +1.0000   +0.8944   +0.0000   -0.4472
P[2][*]          +0.8944   +1.0000   +0.4472   +0.0000
P[3][*]          +0.0000   +0.4472   +1.0000   +0.8944
P[4][*]          -0.4472   +0.0000   +0.8944   +1.0000
```

(b)

C^2 1.000 C^4 1.000
   0.894 0.447 0.894
1.000   1.000
C^1 C^3

図 9.4 結合次数 p_{ab} と π 電子密度 q_a の表 (a) と分子図 (b)

ば，$\phi[1]$ と書かれている列を上から下に $\chi_1, \chi_2, \cdots$ を補って線形結合を作ると，式 (9.15) と一致していることがわかる（$\phi[3]$ のみ符号が逆転しているが，6.3 節 (3)（または第 6 章演習問題 [1]）で述べたとおり，波動関数に -1 を掛けたものは，元の関数と同等である．

(d) 中央の Bond Order のボタンをクリックすると，右下の表示が図 9.4 (a) のように切りかわる．**結合次数**（bond order）$p_{ab}(a \ne b)$ は次式で定義され，図の非対角要素がこれにあたる．

$$p_{ab} = \sum_{\mu=1}^{\text{HOMO}} n_\mu c_{a\mu} c_{b\mu} \tag{9.20}$$

ただし，n_μ は，μ 番目の分子軌道を占める電子数（ブタジエンの場合は $\mu = 1$ と 2 に関して各 2 個である）．総和記号は電子が詰まっている一番上の軌道（ここでは 2）までの和をとることを意味している．

図 9.4 (a) の対角要素は**電子密度**（electron density）q_a で，次式で表される．

$$q_a = \sum_{\mu=1}^{\text{HOMO}} n_\mu c_{a\mu}^2 \tag{9.21}$$

結合次数と π 電子密度を図示すると，図 9.4 (b) のようになる．

ブタジエンの C^1–C^2（または C^3–C^4）間は二重結合性が大きく（単結合

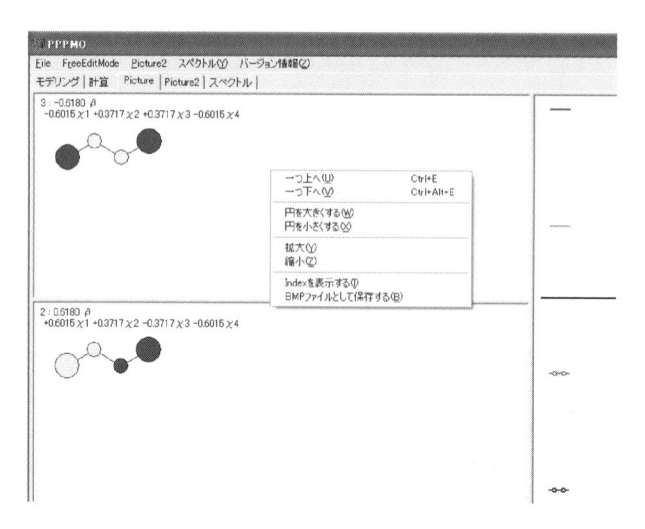

図 9.5 分子軌道（左）と分子軌道エネルギー（右）の描画
　　　左下には HOMO よりも下の軌道，左上には LUMO よりも上の軌道が描かれる．初期値は HOMO と LUMO だが，それぞれの領域でマウスを右クリックすると上図に示す小さな枠が現れ，ほかの軌道を表示するなどの指示ができる．

分を補うと 1.894)，C^2-C^3 間はこれらよりは単結合に近い（1.447）．8.5 節で述べた結合交替の大きい系であることが理解される．

(e) 計算ボタンの右の分子軌道の描画のボタン（Picture）をクリックすると，図 9.5 が描かれる．図には ϕ_2（HOMO）と ϕ_3（LUMO）が描かれているが，右側のエネルギー図をクリックすることでほかの軌道の図に変化する．

(f) 他の分子について計算したいときは，「モデリング」のボタンをクリックし，右下の「クリア」ボタンをクリックした後，(a) からの作業を繰り返す．

　ここで説明しなかったボタンは，そのほとんどが次章の PPP 計算プログラム用となっている．

演 習 問 題

下記の設問に答えよ．計算過程を示すこと．

[1] 水素原子の 2 つの原子軌道の線形結合で分子軌道 ϕ が次式で書き表されるものとする．

$$\phi = c_1\chi_1 + c_2\chi_2 \tag{9.22}$$

式 (9.22) を式 (9.5) に代入した後，次式 (9.23)

$$\int \chi_1 \mathbf{h} \chi_2 \, d\tau = \int \chi_2 \mathbf{h} \chi_1 \, d\tau \tag{9.23}$$

が成立していることを考慮して，ε を S_{ab}, S_{aa}, H_{ab}, H_{aa} と c_1, c_2 で表す式 (9.24) を求めよ．

[2] 問 [1] で求めた ε の式 (9.24) を c_1 で偏微分した式の値を 0 とおき，整理した式を (9.25) とする．式 (9.25) の中に，式 (9.24) に相当する項があればこれを ε で置き換えた後，c_1, c_2 について整理した式 (9.26) を書け．

[3] ε の式 (9.24) を c_2 で偏微分した式について，問 [2] と同様にして c_1, c_2 について整理した式 (9.27) を書け．

[4] 式 (9.26) と式 (9.27) で表される永年方程式において，c_1, c_2 がともに 0 ではない条件を表す永年行列式 (9.28) を書け．ただし，クーロン積分を α，共鳴積分を β とし，重なり積分は無視するものとする．

[5] 式 (9.28) を解き，ε の値を求めよ．

[6] 問 [5] で求めた ε の値のそれぞれを式 (9.26) に代入し，c_1, c_2 の比を求めよ．さらに，分子軌道 ϕ の規格化条件を用いてそれぞれの ε の値に対する分子軌道を求めよ．

第10章 PPP分子軌道法

　PPP法と呼ばれる分子軌道法は，平面 π 系の色素物質の色と構造の関係を解明するのに最も適した方法である．本章では，まず PPP 法や次章で扱う PM 5 法の手続きの概略を，HMO 法との違いを中心に簡単に説明する．つづいて，平面 π 系の着色物質への適用例を示す．さらに，新しいパラメーターによる計算方法の改善についてもふれる．第8章で述べた FEM 法とは異なり，広い範囲の色素骨格に適用可能な汎用性の高い方法であることを認識していただくのが本章のねらいとなっている．

10.1　近似をすすめた分子軌道法の手続き

　表 8.1 における半経験的（PPP 法，PM 5 法など）および非経験的分子軌道法（GAUSSIAN 03 など）では，波動方程式（8.1）におけるハミルトニアンの第3項（電子同士の斥力ポテンシャル項）を無視しない．PPP 法ではハミルトニアンの第4項を無視する．他の近似をすすめた方法ではこれを無視しない．閉殻系（各軌道に電子が2つずつ詰まった系）において分子軌道を求める手続きは，次式（10.1）で示される永年方程式を解くことに帰着する[†]．

$$\sum_{b=1}^{N}(F_{ab}-S_{ab}\varepsilon_{\mu})c_{b\mu}=0 \quad (\mu, a=1, 2, \cdots, N) \quad (10.1)$$

上式が HMO 法のときの永年方程式（9.6）と異なるところは，クーロン積分や共鳴積分を表す H_{ab} の項が，フォックの行列要素と呼ばれる F_{ab} に変わっているところだけである．しかし，HMO 法の H_{ab} が α や β を使って一義的に表せたのに対し，F_{ab} の数式には，式（10.1）を解いて得られる解 $c_{b\mu}$ が含ま

[†] 手続きの詳細は，たとえば時田澄男，富永信秀著：『BASIC による分子軌道法計算入門』（培風館，1987）など多くの書籍に記載されている．

れている．そこで，まず $c_{b\mu}$ の適当な値（たとえば，HMO法による計算結果）を使って式 (10.1) を解き，得られた $c_{b\mu}$ の組を代入してもう一度式 (10.1) を解くということを繰り返す．これを **SCF** (self-consistent field **自己無撞着場**) **法**という．SCF法を用いると，最初の $c_{b\mu}$ の組にどのような値を用いても，最終結果はいつも同じになる．

HMO法では，分子の対称性がよいときには永年方程式 (9.6) が手計算でも解けたが，近似をすすめた方法ではSCF法という繰り返し計算が必要なので，コンピューターの利用が不可欠である．

10.2 PPP分子軌道法の実際

PPP分子軌道法は，1953年，パリザー（Rudolph Pariser 1923- ）とパル（Robert Ghormley Parr 1921- ），他方，ポープル（John Anthony Pople 1925- ）によってそれぞれ別個に開発された．HMO法と同様，π 電子のみの計算であるが，α, β に相当する積分のほかに電子間反発積分 γ を導入し，これらを原子の座標と分子軌道の係数 $c_{b\mu}$ を考慮して見積もるところが異なっている[†]．PPP法は，大きな共役系を持つ着色平面分子の色と構造の関係を研究するのに最も適した方法であるとされている．

第9章で紹介したプログラムは，同じ入力でHMO法とPPP法の計算を行うことが可能である．以下に，このプログラムを用いてベンゼン C_6H_6 の光吸収がどのように計算できるかを比較する．

ベンゼンのHMO計算の結果を図10.1 (a) に示す．図の中に，α, β で書いてあるのが分子軌道エネルギーである．HMO法における励起エネルギーは，自由電子模型の式 (8.4) と同じように分子軌道エネルギーの差で与えられる．HOMO → LUMO への遷移は $\phi_2 \to \phi_4$, $\phi_2 \to \phi_5$, $\phi_3 \to \phi_4$, $\phi_3 \to \phi_5$ の4種考えられるが，それらのエネルギー差はいずれも 2β である．つまり，図10.1 (b) のように，4重に縮重している．PPP法では，電子間の斥力項をス

[†] 詳細は，たとえば時田澄男 著：『カラーケミストリー』（丸善，1982）などを参考にしていただきたい．

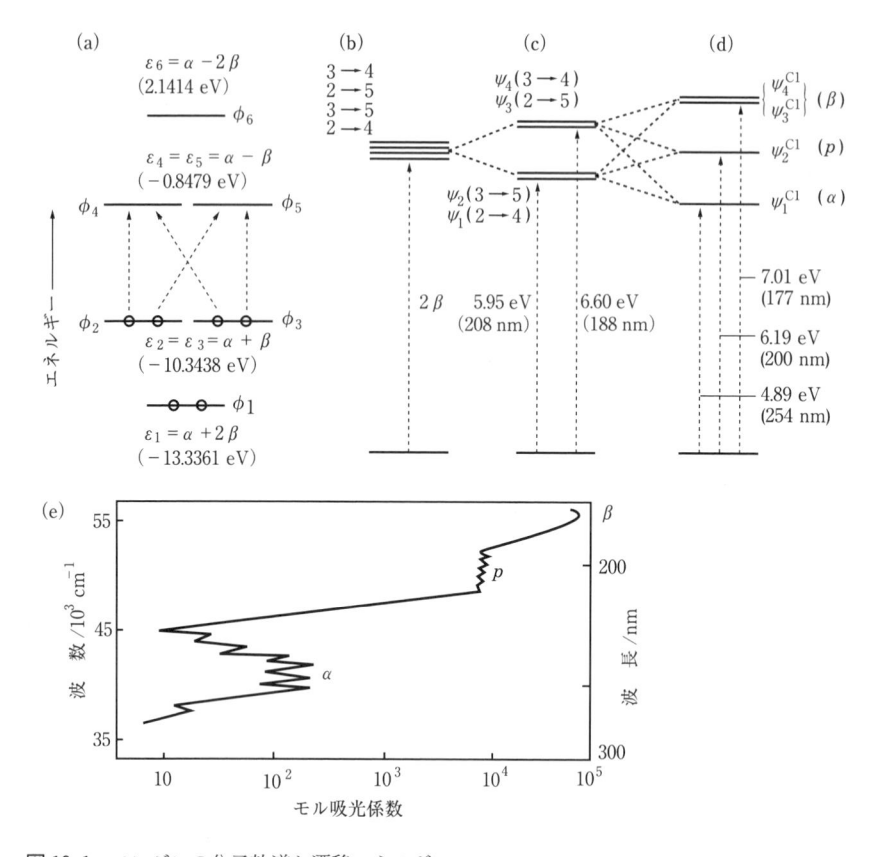

図10.1 ベンゼンの分子軌道と遷移エネルギー
(a) HMO法(α, β単位)またはPPP法(eV単位)で求めた分子軌道エネルギーの模式図,(b) HMO法による遷移エネルギー(4重に縮重),(c) PPP法による遷移エネルギー(それぞれ2重に縮重),(d) PPP-CI法による遷移エネルギー,(e) ヘキサン中,室温で測定されたベンゼンの電子スペクトル.

ピンも考慮して取り扱うので,遷移エネルギー(図10.1(c))は軌道エネルギー(図10.1(a)のカッコ内)の単純な差にはならない(一重項励起エネルギーと三重項励起エネルギーも別々の値として計算される[†]).

近似を進めた分子軌道法では,基底電子配置に対して系のエネルギーが最小

[†] 一重項励起エネルギーは三重項励起エネルギーよりも大きい値として計算される(11.1節参照).

になるような計算を行う．このとき，空の軌道のエネルギー準位も計算されるが，原理的に信頼性に乏しい．そこで，空軌道のことを virtual（虚の）軌道と呼ぶ．したがって，電子の励起エネルギーを計算するときには，virtual 軌道をそのまま使うのは適切でない．そこで，virtual な軌道へのいろいろな電子配置の系を考え，これらの線形結合を用いて変分法により近似を高める方法が工夫された．これを**配置間相互作用**（configuration interaction, CI）**を考慮した方法**という．ベンゼンの PPP 計算結果は，CI 前は，2 重に縮重して 5.95 eV（208 nm）と 6.60 eV（188 nm）の遷移エネルギーを与える（図 10.1 (c)）が，CI を行うと一部の縮重が解け，4.89 eV（254 nm），6.19 eV（200 nm），ならびに 7.01 eV（177 nm）と計算される（図 10.1 (d)）．CI 後の値は，ベンゼンの電子吸収スペクトルの測定値（図 10.1 (e)）の α, p（パラ），β 吸収帯ときわめてよく一致している．なお，この出力は，PPP 計算における SINGLET の指示の後，被占軌道数 3，空軌道数 3 を指示して PPP-CI 計算を行い，スペクトルを指示すると表示される．ただし，α と p は強度 0（禁制遷移）なので数値出力だけが与えられる．

10.3 新しい二中心電子反発積分（New-γ）による PPP 法の改良

PPP 法は，分子についての波動方程式（8.1）のハミルトニアンのうち，第

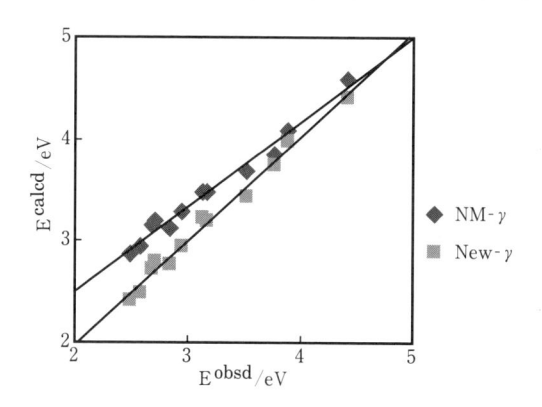

図 10.2 アントラキノン類 12 種の電子スペクトルにおける最長波長吸収極大 λ_{max} の実測値（横軸）と計算値（縦軸）

4項（核電荷 Z_ae, Z_be による斥力ポテンシャル）を無視する．しかし，variable β 法と呼ばれる手法を用いると，SCFの繰り返し計算のたびごとに，原子間距離を変化させてパラメーター β や γ を見積もり直すので，入力された初期座標の多少のあいまいさには無関係に一定の計算結果が得られる．

1993年，大阪市立大学教授（当時）の西本（西本吉助 1932- ）は，二中心電子反発積分 γ_{ab} を見積もる新しい近似式を発表した[†]．これを **New-γ 法**という．

New-γ 法を用いると，従来の西本-又賀の式を用いる方法（NM-γ 法）に比べて電子吸収スペクトルの λ_{max} の予測の精度が向上する．現在，多環芳香族炭化水素，シアニン類，アントラキノン類などについて計算方法の見直しがすすめられている[‡]．アントラキノン類についての結果の例を図 10.2 に示す．

演 習 問 題

[1] 下の表は，第8章図8.4に描かれているシアニン類（**4**）の電子吸収スペクトルにおける FEM法，PPP-CI法（NM-γ 法），および，New-γ 法の計算結果を比較したものである．それぞれの計算値について，実測値との1次回帰直線を求め，それらの傾き，切片，相関係数を比較して近似法の優劣を論ぜよ．最も汎用性の高い方法はどれかということも比較のポイントとすること．

表 シアニン類（図8.3（**4**））の電子吸収スペクトルにおける吸収極大波長（λ_{max}）

| m | λ_{max}/nm | | | |
(化合物**4**)	実測値	FEM*	PPP-CI	PPP-CI (New-γ)
0	224	213	230.6	230.7
1	313	317	311.5	313.7
2	416	421	395.6	408.5
3	519	525	475.3	500.8
4	625	630	561.1	600.7

* $r = 126$ pm, $p = 158$ pm

[†] K. Nishimoto: *Bull. Chem. Soc. Jpn.*, **66**, 1876-1880 (1994).
[‡] 時田澄男：平成11-14年 科学研究費補助金「電子スペクトルの高精度予測のための基礎研究」報告書（2003），p. 31-35；255-256 ほか．

第11章 酸素の磁性

　本書の冒頭で述べたバルマーの数式（1.1）の物理的意味は，ボーアの前期量子論で説明され，シュレーディンガーの波動方程式で全てが明らかになった．式（1.1）の中の整数の意味は，波動性を持つ電子の状態を表す量子数であった．

　アボガドロの分子説がなかなか受け入れられなかった理由は，中性の原子（たとえば，HやNやO）が2つ集まって安定化する理由が説明できなかったからである．水素分子が2つの水素原子よりも安定であることは，1927年，ハイトラー（Walter Heitler 1904-1981）とロンドン（Fritz London 1900-1954）によって，**VB**（valence bond **原子価結合**）**法**と呼ばれる量子力学的手法を用いて初めて説明された．第8章の演習問題では，同じことが，ヒュッケル分子軌道法でも可能であることを示した．等核2原子分子の安定性は，このように，量子力学を用いて初めて説明できる現象である．このほかにも，周期表における周期の由来など，多くの実験的事実の根拠が量子力学を使って明快に説明されてきた．

　空気の主成分は窒素分子と酸素分子である．窒素分子に比べて，酸素分子が反応性に富むのは，後者がビラジカルであるためである．このビラジカルはスピンが平行であることから，酸素分子は**常磁性**（paramagnetic；磁場内においたときに，加えた磁場と同じ向きに弱く磁化する性質）を示す．これらの理由も，量子力学（分子軌道法）を使わないと説明できない現象である．本章では，まず酸素の磁性がPM5分子軌道法でどのように説明できるかを述べ，つづいて，窒素分子の場合とどのように異なるかを考えていただくことにする．

11.1 一重項電子配置と三重項電子配置

電子のスピンが反平行の組み合わせのほかに，平行スピンの2つの電子を持つ分子について外部磁場の存在下に分光学的な測定を行うと，三重線が観察され，**三重項**（triplet）と呼ばれる．スピン反平行の組だけからなる分子では，一重線のままであり，**一重項**（singlet）と呼ばれる．通常の分子では，基底電子配置が一重項であることが多いが，酸素分子の基底配置は，三重項（$^3\Sigma_{g^-}$）である．増感剤の存在下，酸素分子に光照射すると，一重項の励起状態（$^1\Delta g$ または $^1\Sigma_{g^+}$）が生じる．基底状態 $^3\Sigma_{g^-}$ とのエネルギー差は，$^1\Delta g$ で 22.5 kcal・mol^{-1}，$^1\Sigma_{g^+}$ で 37.5 kcal・mol^{-1}（1 cal = 4.184 J）と測定されている．ただし，$^1\Sigma_{g^+}$ は，図 11.1 に示す電子配置のうち，ϕ_7 に入っている電子のスピンが逆になったもので，$^1\Delta g$ は，この電子が ϕ_6 に入ってスピン逆平行の対をなしているものである[†]．

11.2 分子軌道法ソフトウェアMOPAC

半経験的分子軌道法計算のためのソフトウェアとして世界中で最も普及しているものは，MOPAC である．米国テキサス州立大学オースチン校のデュワー（Michael James Steuart Dewar 1918-1947）らが中心となって開発した AM1 (Austin Model 1) などがさきがけとなっている．1983年，スチュワート（James J. P. Stewart）らは PM3 (Parametric Method 3) 等を含めたパッケージを MOPAC として発表した．その内容は富士通株式会社をコアとして現在も改良が進められ，PM5 などに発展している．市販プログラムであるが，機能の一部を制限したものを無料配布する許可が得られたので（173頁参照），以下これにもとづいて解説する．

11.3 酸素分子の分子軌道

酸素分子の MOPAC (PM5) による計算結果を表 11.1 に示す．第12章で

[†] 時田澄男：現代化学，No. 224, p. 55-59；No. 225, p. 48-53 (1989 (11), (12)).

11.3 酸素分子の分子軌道

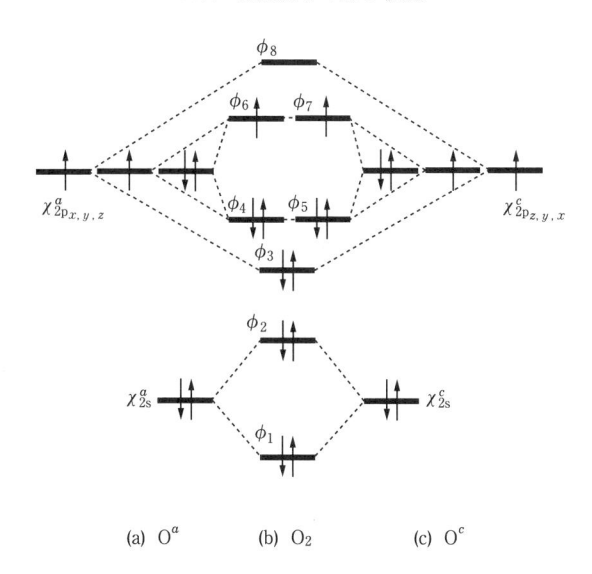

(a) O^a (b) O$_2$ (c) O^c

図 11.1 酸素原子 a, c の 4 個ずつの原子軌道(a), (c)から 8 個の分子軌道 $\phi_1 \sim \phi_8$ (b) を生ずるときのエネルギー変化と電子配置の模式図

表 11.1 酸素分子の分子軌道エネルギー $\varepsilon_1 \sim \varepsilon_8$ (eV 単位) と,分子軌道 $\phi_1 \sim \phi_8$ を構成する原子軌道 $\chi_{1s} \sim \chi_{2p}$ の係数(図 11.3 を描く元になっている数値で,たとえば ϕ_6 = $0.707\,\chi_{2p_z}^a - 0.707\,\chi_{2p_z}^c$ というように読む)

分子軌道の対称性と エネルギー(eV)	ϕ_1	ϕ_2	ϕ_3	ϕ_4	ϕ_5	ϕ_6	ϕ_7	ϕ_8
酸素原子 a, c の原子軌道	$\sigma(2s)$ -38.07	$\sigma^*(2s)$ -30.79	$\sigma(2p_x)$ -17.08	$\pi(2p_z)$ -16.94	$\pi(2p_y)$ -16.94	$\pi^*(2p_z)$ -6.49	$\pi^*(2p_y)$ -6.49	$\sigma^*(2p_x)$ 1.43
χ_{2s}^a	0.630	0.685	-0.322	0	0	0	0	0.175
$\chi_{2p_x}^a$	-0.322	-0.175	0.630	0	0	0	0	0.685
$\chi_{2p_y}^a$	0	0	0	0	-0.707	0	0.707	0
$\chi_{2p_z}^a$	0	0	0	0.707	0	0.707	0	0
χ_{2s}^c	-0.630	-0.685	-0.322	0	0	0	0	-0.175
$\chi_{2p_x}^c$	0.322	-0.175	-0.630	0	0	0	0	0.685
$\chi_{2p_y}^c$	0	0	0	0	-0.707	0	-0.707	0
$\chi_{2p_z}^c$	0	0	0	0.707	0	-0.707	0	0

述べる水素分子の場合と同じように入力して,キーワード欄に OPEN (2,2) と TRIPLET を追加して計算させたものである.

酸素原子の基底電子配置は,$1s^2 2s^2 2p^4$ である.$2p_x$, $2p_y$, $2p_z$ 軌道のエ

ネルギーは縮重している．縮重した原子軌道に複数（ここでは 2 個）の電子が入るときは，スピン平行なものが安定である（**フント**（Friedrich Hund 1896-1997）**の規則**；Hunt's rule）．図 11.1 では，これを（a），（c）に示した．半経験的分子軌道法では，原子価電子の軌道（ここでは，2 s と 2 p）だけを考慮するので，1 s 軌道は省略してある．

表 11.1 の上から 3 行目が分子軌道エネルギーで，たとえば $\varepsilon_1 = -38.07$ eV というように読む．そのすぐ下に，分子軌道 ϕ_1 の数式における原子軌道の係数が示してある．

図 11.1（b）に，分子軌道 $\phi_1 \sim \phi_8$ のエネルギー準位を $\varepsilon_1 \sim \varepsilon_8$ の値にだいたい対応させて示した．酸素の 2 つの原子軌道 χ^a と χ^c には合計 12 個の電子があった．これらを分子軌道 $\phi_1 \sim \phi_8$ に下から順に配置させると，$\phi_1 \sim \phi_5$ にはスピンを反平行にして 2 つずつ電子が入り，縮重している ϕ_6 と ϕ_7 にはスピンを平行にして 1 つずつ電子が入ることになる．つまり，HOMO は ϕ_6 と ϕ_7 で，それぞれが **SOMO**（singly occupied molecular orbital；**半占分子軌道**）となっている．ϕ_8 は空であり，LUMO ということになる．

酸素分子が反応性の高いビラジカルであり，三重項である（つまり，常磁性である）ことは，上記のように説明できる．このことは，分子軌道法を用いて得られた初期の成果の一例として位置づけられている．

分子軌道 ϕ_1 は，主として 2 つの原子軌道 χ^a_{2s}，χ^c_{2s} が同符号で（位相をそろえて）干渉しているから結合性である．一方，ϕ_2 では，χ^a_{2s}，χ^c_{2s} の係数の符号が反対（位相が逆）の干渉なので，反結合性である．ϕ_3 は，2 つの原子軌道 χ^a_{2px}，χ^c_{2px} の係数の符号が正と負であるが，これは結合性である．2 つの 2 p 軌道でできる σ 結合（結合軸上での重なりによる結合）の場合，係数の異符号が軌道図では同符号となるので結合性，係数の同符号が反結合性となるので注意が必要である（図 11.2（a），（b）参照）．結合軸と直角方向に伸びる軌道胞を持つ 2 つの 2 p 原子軌道の重なりで生ずる結合を π 結合という．分子軌道 ϕ_4 と ϕ_5 は，結合性の π 結合（同符号の重なり，図 11.2（c）），ϕ_6 と ϕ_7 は反結合性の π 軌道（異符号の重なり）である．

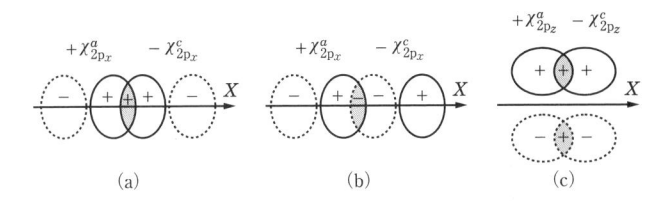

図 11.2 2つの2p軌道のσ型の重なり(a), (b)とπ型の重なり (c)
σ型では係数の異符号が軌道図では同符号となるので結合性 ((a)の中央の + 印),
π型では同符号が結合性 ((c)の中央の2つの + 印) である.

　分子軌道 ϕ_8 は, ϕ_3（結合性）に対応する反結合性σ結合を与えている. ϕ_8 と ϕ_3 には, 少しだけ χ_{2p_x} が混ざっている. ϕ_1 と ϕ_2 には, 少しだけ χ_{2s} が混ざっている（sp混成）. しかし, 後述する窒素分子のときのようにそれらの混ざり方は大きくはないので, 分子軌道エネルギーの逆転現象（次節）は起こっていない.

　酸素分子の分子軌道では, 結合性MO 4個に2つずつ電子が入って安定化する一方, 反結合性のMO 3個にも合計4個の電子が入って, 結合2個分の不安定化をもたらしている. したがって, 酸素は二重結合性の分子である. 以上から, 酸素分子のルイス構造は, 下式（a）のように表すべきではないことが理解される. ルイスが経験的に導いた電子対共有結合の概念では説明できない分子といえよう. 一方, 後述するように, 窒素分子は, 下式（b）のルイス構造がおおむねその実態を表している（11.4節）.

$$|\underline{O}=\overline{O}| \qquad N\equiv\overline{N}$$
　　　　　　　(a)　　　　　(b)

　酸素分子の分子軌道の形を図11.3に示す. 表11.1と見比べて, それぞれの軌道の性質を理解していただきたい.

11.4　窒素分子の分子軌道

　窒素分子のPM5計算によって求めた分子軌道図を図11.4に示す. 軌道の形は酸素分子のときとほとんど変化しないが, $\phi_3 \sim \phi_5$ のエネルギー準位に逆

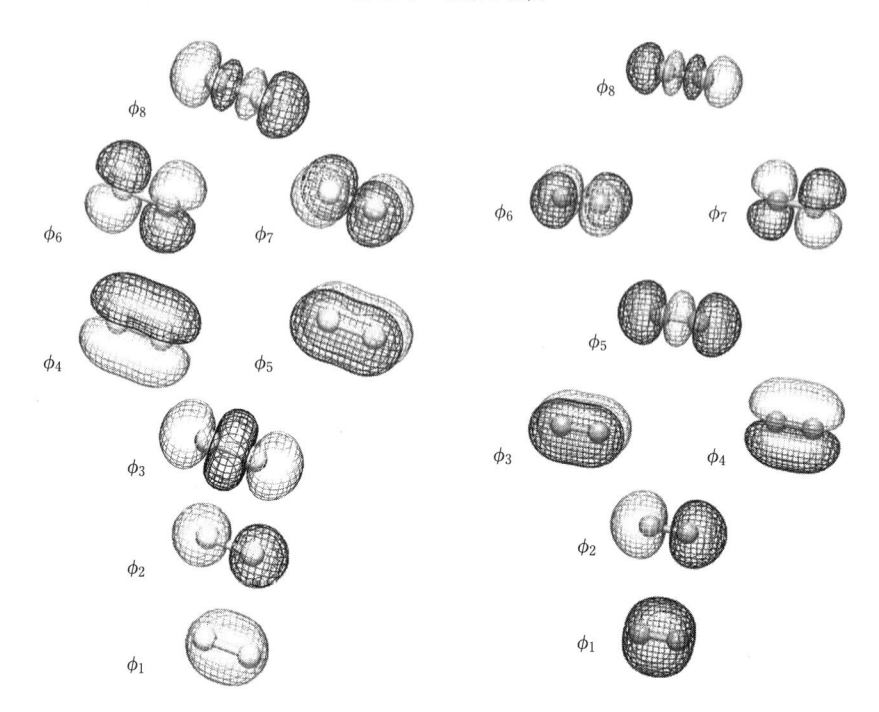

図 11.3 酸素分子の分子軌道の形とエネルギー準位

ϕ_1 と ϕ_2 を比べると ϕ_2 は節面が 1 つ多い．$\phi_4(\phi_5)$ と $\phi_6(\phi_7)$，および ϕ_3 と ϕ_8 でも同様である．ϕ_4 と ϕ_5；ϕ_6 と ϕ_7 はそれぞれ同じ形でただお互いに 90° 回転した位置関係にある．

図 11.4 窒素分子の分子軌道の形とエネルギー準位

軌道の形は酸素分子のときとほとんど同じだが，O_2 の ϕ_4 と ϕ_5 が N_2 では ϕ_3 と ϕ_4 になり，O_2 の ϕ_3 は N_2 では ϕ_5 になっている点に注意．

転が起こっている．窒素分子の ϕ_5 の数式は，つぎのように計算される．

$$\phi_5^{N_2} = -0.368\,\chi_{2s}^a + 0.604\,\chi_{2p_x}^a - 0.368\,\chi_{2s}^c - 0.604\,\chi_{2p_x}^c \quad (11.1)$$

一方，酸素分子の ϕ_3 は，表 11.1 から

$$\phi_3^{O_2} = -0.322\,\chi_{2s}^a + 0.630\,\chi_{2p_x}^a - 0.322\,\chi_{2s}^c - 0.630\,\chi_{2p_x}^c \quad (11.2)$$

である．窒素分子の ϕ_5 の方が，2p 軌道の重みに対する 2s 軌道の重みが相対的に大きくなっていることがわかる．これは，酸素原子においては 2p 軌道と 2s 軌道のエネルギー差が大きい（16.665 eV）ために，それらの相互作用によ

って生ずる分子軌道エネルギーの分裂の程度がそれほど大きくないとして説明される．窒素原子では，$2p$ と $2s$ のエネルギー差が小さい（10.278 eV）ため，相互作用が大きく，大きな分子軌道エネルギーの分裂を生じて上記のような逆転が起こるのである[†]．

窒素原子の基底電子配置は，$1s^2 2s^2 2p^3$ であるから，原子価電子は 5 個である．したがって分子軌道に配置される電子数は 10 であるから，$\phi_1 \sim \phi_5$ に 2 つずつスピン反平行の電子が収まることになり，窒素分子は一重項である．電子が 2 個ずつ詰まった $\phi_1 \sim \phi_5$ のうち，結合性軌道の数は 4 個（$\phi_1, \phi_3 \sim \phi_5$）であり，反結合性軌道の数は 1 個（$\phi_2$）であるから，窒素分子は三重結合性の分子である．

演 習 問 題

[1] 酸素分子と窒素分子のそれぞれについて，PM5 法で分子軌道計算を行って結合原子間距離の最適化を行う（結合長を変化させてエネルギーの最小値を求める）と，O_2 では 115.8 pm，N_2 では 111.6 pm という結果が得られる．この差の物理的意味を考察せよ．
[2] イオウの同素体の 1 つである S_2 は，常磁性かどうかを考察せよ．

[†] 酸素分子について UHF（unrestricted Hartree Fock）法で計算すると，必ずしも同じ結果にならない．

第12章　分子の形はどのようにして決まるか

　分子の形（結合距離，結合角，および2面角）は，どのようにして決まるのだろうか．本章では，まず，高等学校レベルでも理解できるVSEPR（原子価電子対反発）法について説明する．つづいて，MOPACという分子軌道法パッケージの使い方を説明し，これを用いて分子の形がどのように求められるかを述べる．教科書に頻出するがその意味が必ずしもよく説明されていない混成軌道の形や方向性と数式との対応については，演習問題で取り扱う．

12.1　化学構造式と分子の形

　メタン（CH_4）の構造式は，下の構造式（1a）で描かれる．ルイス式（点電子式）で描けば（1b）である．ルイス（Gilbert Newton Lewis 1875-1946）は，1916年に電子対によって**共有結合**（covalent bond）が生成するという経験則を提唱した．水素，炭素，窒素，酸素はそれぞれ，1，4，5，6個の**原子価電子**（valence electron）を持っていて，点電子式を描いたときに，**オクテット**（octet：電子が8個の殻）［ただし水素の場合は2個の殻］を形成するようにお互いに電子を共有して化学結合を形成するという考え方である．メタンにおけるこのような電子の対を**結合電子対**（electron pair used for bonding）と呼ぶ．アンモニア（NH_3）の点電子式は（2b）で，結合電子対3組のほかに，**孤立電子対**（lone-pair electrons）1組を描いて窒素原子の周りのオクテットを完成させることができる．

$$
\begin{array}{cc}
\begin{array}{c} H \\ | \\ H-C-H \\ | \\ H \end{array} & \begin{array}{c} H \\ H:C:H \\ H \end{array} \\
(1a) & (1b) \\
\\
\begin{array}{c} H-N-H \\ | \\ H \end{array} & \begin{array}{c} H:N:H \\ H \end{array} \\
(2a) & (2b)
\end{array}
$$

ルイスが電子対共有結合の仮説を提案した時代には，どうして**オクテット則**が成立するのかという理論的裏付けがなかった．化学構造に関心を持つ科学者，たとえばJ. J. トムソンやラザフォード，ボーアらがこの問題の理論的解明に尽力し，種々の仮説を提唱したことはすでに述べた．量子力学にもとづいて元素の電子配置（表7.2）が明らかにされ，化学結合論の理論的背景が整ってきたのはシュレーディンガーの波動方程式（1926）以降のことである．

高等学校の化学のカリキュラムでは，周期表にもとづいて外殻電子の数え方を学び，点電子式を理解させる．しかし，ここから頭ごなしに「メタンは正四面体構造をとる」と教えることになっている．1874年に発表されたファント・ホフ（Jacobus Henricus Van't Hoff 1852-1911）の仮説（ル・ベル（Joseph Achille Le Bel 1847-1930）も独立に同様の考え方を示した）だけを根拠とするような教え方である．すなわち，実験的に正四面体構造が明らかになっているということは教えるが，「どうしてそのような構造になるのか」という理論的な説明が欠けている．大学初年級の有機化学の教科書には，量子論にもとづく混成軌道の定性的な説明があるが，数式を示していないために理解を妨げている面がある[†]．本章では，まず分子の形を定性的に説明し（次節），ついでMOPACによる計算でそれを確かめることにする．

12.2 原子価電子対反発（VSEPR）法

結合電子対と孤立電子対は，電子間の反発が最小になるように配置されるという**原子価電子対反発**（valence-shell electron-pair repulsion；VSEPR）**法**は，分子の形を定性的に説明する最も簡単で明快な方法である．図12.1は，2組から4組の電子対を球の表面へなるべく離して配置する方法を示したものである．それぞれ，アセチレンやエチレンの半分，メタンの構造に対応している．この方法は無機化合物の形の推定にも使えるが，遷移金属系化合物に対し

[†] 混成軌道は，式（7.8）や式（7.9）のように，混成軌道の数式を規格化直交条件の下で組み換える（線形結合をとる）ことによって簡潔に導出できる．本章演習問題［2］参照．

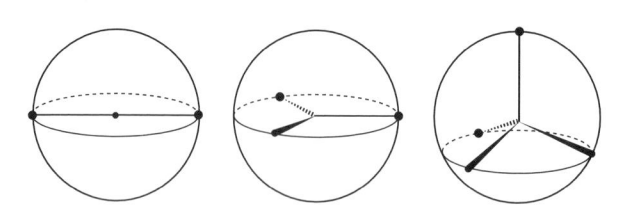

図 12.1　VSEPR 法による球の表面への電子対の配置

ては限界がある[†].

12.3　MOPACによるメタンの構造の計算

　本節では，VSEPR 法で定性的に予測されるメタンの構造を，別に配布される WinMOPAC 3.9 Limited Edition（173 頁参照）で計算する方法を示す．MOPAC のほかの版（Version 3.0 など）でも，ほぼ同様に動作する（メニューは少し異なる．たとえば PM5 のかわりに PM3 を使うなどの相違がある）．

　MOPAC をインストールする（install：ソフトウエアをシステムに組み込む）方法は簡単で，配布 CD を開いて WinMOPAC3.9Limited.exe または Setup.exe をダブルクリックし，表示画面に 10 回程度答えればよい．通常，デスクトップに図 12.2 のようなアイコンが現れる．

12.3.1　メタンの構造入力

　図 12.2 のアイコンをダブルクリックすると，MOPAC の初期画面が現れる．画面の上方には，メニューバーがあり，その下の 2 行がアイコン（図 12.3）となっている．メタンの入力は以下の（ⅰ），（ⅱ）の操作で完了する．

（ⅰ）アイコン ① をクリックする．新規分子の組み立てが可能になったことを示すアイコン ⑱ が点灯する．

（ⅱ）骨格選択のアイコンは ㉜ の右側（sp^3 炭素＋4 個の水素）がすでに点灯しているので，下の広い画面（ワーク・スペースと呼ぶ）をクリックする

[†]　たとえば，M. J. Winter 著（西本吉助 訳）:『フレッシュマンのための化学結合論』（化学同人，1996），p. 96.

12.3 MOPACによるメタンの構造の計算 113

図 12.2 WinMOPACのアイコン

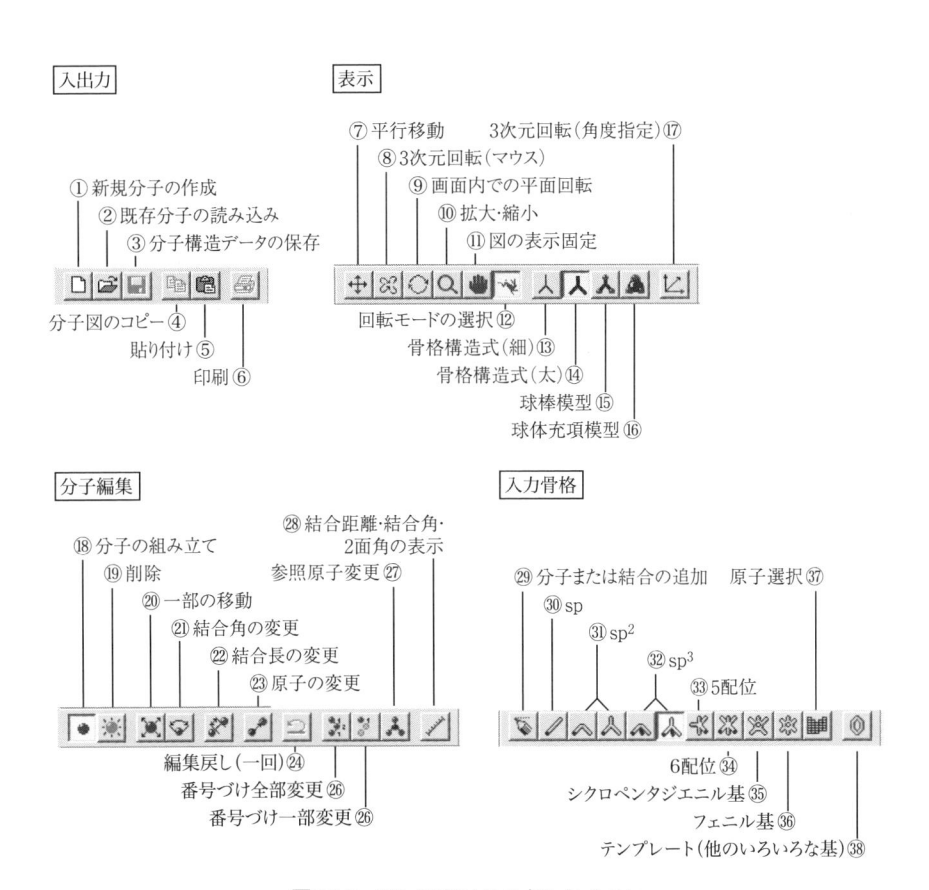

入出力

① 新規分子の作成
② 既存分子の読み込み
③ 分子構造データの保存
分子図のコピー ④
貼り付け ⑤
印刷 ⑥

表示

⑦ 平行移動
⑧ 3次元回転(マウス)
⑨ 画面内での平面回転
⑩ 拡大・縮小
⑪ 図の表示固定
3次元回転(角度指定) ⑰
回転モードの選択 ⑫
骨格構造式(細) ⑬
骨格構造式(太) ⑭
球棒模型 ⑮
球体充填模型 ⑯

分子編集

⑱ 分子の組み立て
⑲ 削除
⑳ 一部の移動
㉑ 結合角の変更
㉒ 結合長の変更
㉓ 原子の変更
㉘ 結合距離・結合角・2面角の表示
参照原子変更 ㉗
編集戻し(一回) ㉔
番号づけ全部変更 ㉖
番号づけ一部変更 ㉕

入力骨格

㉙ 分子または結合の追加
㉚ sp
㉛ sp^2
㉜ sp^3
㉝ 5配位
原子選択 ㊲
6配位 ㉞
シクロペンタジエニル基 ㉟
フェニル基 ㊱
テンプレート(他のいろいろな基) ㊳

図 12.3 WinMOPACの主なアイコン

と，メタンの分子骨格が入力できる．

(iii) 分子構造はアイコン⑭の骨格構造で示されている．両側の表示アイコンをクリックすると，スペースフィル（球体充填模型）⑯に切り換えたり，回転（⑧，⑨）させたりすることができる．図 12.3 では，ほかにもいろいろなアイコンがあることが示されているが，少しずつ覚えていけばよい．

12.3.2 計算方式の設定

(iv) メニューバーの Edit をクリックし，Edit メニューの matrix を選択すると，ファイル名の指定や計算方法の指定を行う画面が上書きされる．Untitle という名称の上に，たとえば Methane と上書きする．データファイルの拡張子は .dat である．

(v) Program 欄の MOPAC 2002 に黒丸が入っていることを確認し，Calculation Types の右側の▼印をクリックして Geometry Optimization（構造最適化）を選択する．キーワード欄に EF と入力しても同じである．

(vi) Methods は PM5 を選択し，Precise（精密な計算），Vectors（分子軌道エネルギー ε_μ と分子軌道の係数 $c_{a\mu}$ の組を出力する），Bond Order（結合次数 p_{ab} と電子密度 q_a を出力する）という指示を与えるように□印をクリックする．キーワード欄に PM5 PRECISE VECTORS ALLVEC BONDS と入力しても同じである．

12.3.3 入力構造の確認

どんな構造が入力されたかは，この画面の Z-matrix というメニューバーをクリックして確認できる．最も大きい四角形の中に全ての情報が入っている．

表 12.1　メタンの Z-matrix（0 は省略して示した）

No.	Atom	Distance	Flag	Angle	Flag	Tortion	Flag	NA	NB	NC
1	C									
2	H	1.090	1					1		
3	H	1.090	1	109.0	1			1	2	
4	H	1.090	1	109.0	1	120	1	1	2	3
5	H	1.090	1	109.0	1	-120	1	1	2	3

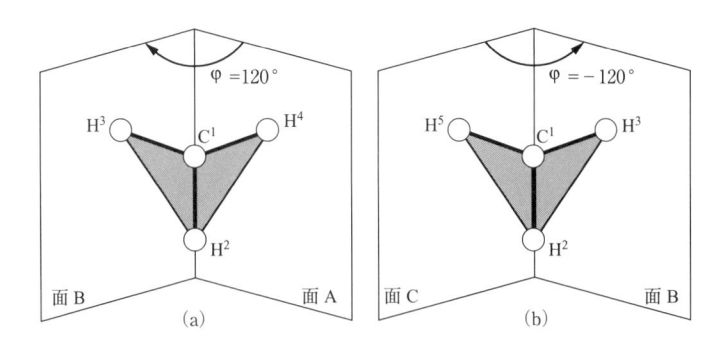

12.3 MOPACによるメタンの構造の計算

図 12.4 2面角（ねじれ角 φ）の定義

図(a)では，原子 4, 1, 2 は面 A の上，1, 2, 3 は面 B の上にある．2面角 (4, 1, 2, 3) は面 A と面 B のなす角として定義される．図(b)における2面角 (5, 1, 2, 3) は面 C（原子 5, 1, 2）と面 B（原子 1, 2, 3）のなす角で，これは図(a)の時とまわり方が逆である．MOPACにおける2面角の符号は，これらの図において時計まわりが正，反時計まわりが負と定義されている．

これを Z-matrix という．各行の数値や文字の意味は最上段に示されている（データを変更したいときは上の四角の中を個々に変えられる）．

Z-matrix の内容を表 12.1 に示した．No. と NA, NB, NC が結合情報である．たとえば No. 2 の水素（H^2）の NA は 1 となっているから，C^1 と結合しており，その距離が Distance 欄に 1.090 Å（109.0 pm）と示される．H^3 は C^1 に結合しており，そのつぎに結合しているもの（NB）は H^2 であることが示されている．Angle 欄には $H^2-C^1-H^3$ の**結合角**（bond angle）θ を 109.0° としたことが示されている．H^4 は C^1, H^2, H^3 の順に結合している．4つの原子では **2 面角**（(dihedral angle）または**ねじれ角**；torsion angle φ）が定義できる（図 12.4）．$H^4-C^1-H^2$ がつくる三角形は面 A 上にあり，$C^1-H^2-H^3$ がつくる三角形は面 B 上にあると考えると，面 A と面 B のなす角度が 120° であることが示されている（図 12.4 (a)）．同様にして，$H^5C^1H^2H^3$ の 2 面角は図 12.4 (b) に示す面 C と面 B のなす角度であるから，$-120°$ ということになる．MOPACにおける 2 面角は，その絶対値が 180° およびそれを超える角度では定義できない．0° の 2 面角も定義できない．構造最適化の際に支障が出るためである．Flag というのは構造最適化の計算において，変動させる

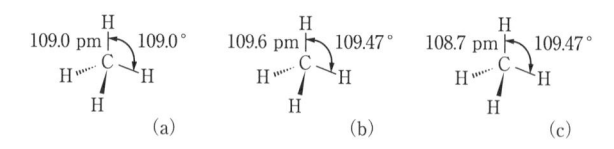

```
        H                    H                    H
109.0 pm ├─ 109.0°   109.6 pm ├─ 109.47°   108.7 pm ├─ 109.47°
    H┈┈C─H          H┈┈C─H            H┈┈C─H
       H                 H                   H
      (a)                (b)                 (c)
```

図 12.5 メタンの入力構造（a），構造最適化後の構造（b），および実測データ（c）
2面角はいずれも ±120°.

ものが 1, 固定は 0 とする．表 12.1 では，結合距離，結合角，2 面角の全てを変化させて最適構造（最もエネルギーが低い構造）を求めることが指示されている．Flag に −1 を指定すると，その部分を連続的に変化させて計算できる（アセチレンの例を 12.5 節に示す）．以上から，入力されたメタンの構造は図 12.5 (a) であることがわかる．

Z-matrix というのは，1 番目の原子が原点にあり，2 番目の原子が Z 軸方向を向いている行列形式のデータという意味である．MOPAC では，2 番目の原子を X 軸方向に置いている．表示画面で回転させても，軸も一緒に回転するので，Z-matrix のデータは変わらない．

12.3.4 分子軌道法計算

(vii) 入力構造を確認したら，Edit Z-matrix の画面下部の OK をクリックする．Z-matrix の画面が消え，データファイルが保存される．

(viii) メニューバーの Calculation から start を選択すると，画面下部に MOPAC start 等と表示される．表示が done に変われば分子軌道法計算は正常に終了している．

(ix) メニューバーの properties から outlist を選択すると，入力データおよび計算結果が数値出力される．SCF の繰り返し回数と計算時間の表示の後に，構造最適化後の Z-matrix が示される．全ての結合角は 109.47°（つまり 109°28′）に最適化され，VSEPR 法の予測と同じ角度になり，実測値が再現されたことが理解される．計算結果と実測値を図 12.5 (b), (c) に示した．

このリストの Z-matrix の下に，Eigenvectors（固有ベクトル，すなわち $c_{a\mu}$

の組）の表が出力されている．最上段は Eigenvalue（固有値，すなわち ε_μ）である．この表の見方は表 11.1（および 11.3 節）ですでに述べた通りである．分子軌道の係数（$c_{a\mu}$ の組）から，sp^3 混成との対応がつくと便利だが，残念ながらそのような対応関係は直ちには読み取れない．炭素－水素結合は，ϕ_1 ～ ϕ_4 の結合性分子軌道の全てに平均的に分散しているためである．つまり，個々の分子軌道が C－H 結合の一つ一つに対応している訳ではないからである[†]．

12.4 エチレンの計算

（x）ほかの分子骨格を入力するには，メニューバーの File から Close を選択し，12.3.1 節（i）から繰り返す．

（xi）エチレン（エテン CH$_2$=CH$_2$）の入力では，（ii）で図 12.3 ㉛ 右側のアイコンを選択し，ワークスペース上で 2 個連結する．2 つ目の入力で 1 つ目の水素上をクリックすることにより，水素 2 個が削除されて C=C 結合が生成される．

（xii）Edit Z-matrix でファイル名（Name 欄）に Ethylene 等と記入するほかは，メタンの場合と全く同じに処理すると，図 12.6（a）に示す出力が得られる．エチレンの場合も VSEPR 法の予測とほぼ一致する形であることが理解される．

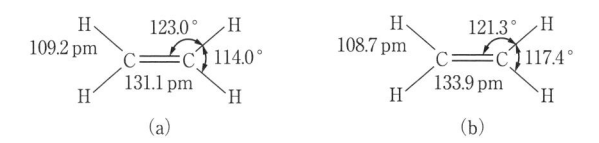

図 12.6 エチレンの計算結果(a)と実測値(b)

[†] I. Fleming 著（竹内敬人ら 訳，福井謙一 監修）：『フロンティア軌道法入門』（講談社，1978）などに，MO 法の出力を混成軌道と対応させる方法が記されている．

12.5 アセチレンの計算

前節と同様に,ただ(xi)でアイコン㉚を選択し,2つつなげて計算すればよいと考えるのが普通だが,そのままではうまくいかないことがある.Z-matrix は直線分子に弱い(図 12.4 で示した 2 面角の定義ができない)のである.そこで,Z-matrix を作成するときにダミー原子(XX)を使う.ここでは,表 12.2 における $H^6-C^2-XX^3$ の結合角を 120° から 60° まで 10° きざみに変化させて,直線構造のエネルギーが最小になるかどうかを試してみることにする.

アイコン㉚を 2 つ結合してできる Z-matrix のうち,表 12.2 に＊印で示す 10 個の数値を 0,120.0 または−1 に書き換える.Additional data 欄には,120° から 10° きざみに変化させたときの角度を順次記入する.適当なファイ

表 12.2 アセチレンの構造最適化のための Z-matrix(初期構造の 0 は省略した)

No.	Atom	Distance	Flag	Angle	Flag	Tortion	Flag	NA	NB	NC
1	C									
2	C	1.48	1					1		
3	XX	1.00	0*a	90.0	0*a			2	1	
4	XX	1.00	0*a	90.0	0*a	0.0	0*a	1	2	3
5	H	1.07	1	90.0	0*a	180.0	0*a	1	4	2
6	H	1.09	1	120.0*b	−1*c	180.0	0*a	2	3	1

Additional data
110 100 90 80 70 60

*a:初期構造の 1 を 0 に変更. *b:初期構造の 90.0 を 120.0 に変更.
*c:初期構造の 1 を−1 に変更.

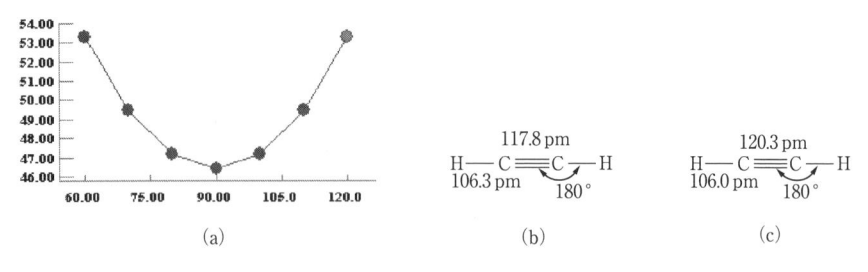

図 12.7 アセチレンの構造最適化の結果(a),(b)と実測値(c)

ル名で保存して計算する．キーワードはメタンのときと同じである．計算終了後，Properties メニューの Reaction を選択すると，図 12.7 (a) に示すように $H^6-C^2-XX^3$ の結合角が 90°（すなわち $H^6-C^2-C^1$ の結合角が 180°）のときにエネルギーが最小になることが示される．この方法のほかに 12.6 節で示す Cartesian 座標系の計算でも，アセチレンは直線分子のときに最も安定であることを示すことができる．分子軌道法は分子の形（基底状態における平衡構造）を予測するのに有力な手段であることが理解される．

12.6 窒素分子と酸素分子の計算

原子 1 個の入力は，図 12.3 のアイコン㉙を使う．㉙をクリックした後，原子の選択のアイコン㊲をクリックし，表示された周期表の N を選択して OK をクリックする．ワークスペース上でクリックすると N の青色の点が現れる．再びアイコン㉙をクリックして，先ほどの青い点をクリックした後，2 cm 程度右へドラッグして離す．Edit Z-matrix で調べると，N–N 1.1 Å 程度で入力されているはずである．ここでキーワードなどを入力するメニューに切り換え，ファイル名（Name）を N2.dat などとし，キーワードをメタンのときと同じに入力し（EF PM5 PRECISE VECTORS ALLVEC BONDS），末尾に XYZ と付け加える．この最後の指定により，Cordinate 欄は計算時に自動的に Cartesian に切り換わる．

酸素分子の場合も，アイコン㊲で O を選択するほかはほぼ同様である．ただ，キーワード欄に OPEN(2,2) TRIPLET と追加するところが異なっている．N_2 および O_2 の計算結果は第 11 章に示した通りである．直線分子の形は結合距離だけで決まるので，その比較を行う問題を第 11 章の演習問題にあげておいた．なお，第 11 章の分子軌道の図は，計算終了後に以下のように指示して描いたものである．

(xiii) Properties メニューから Molecular Orbital を選択する．軌道の番号とエネルギーの表が出るので，適当な軌道を選択して OK をクリックする．上段右端 5 個のアイコン（図 12.3 に示さなかったアイコン）を選択すると，

演 習 問 題

[1] (a) 炭素原子の基底電子配置のうち，$2s$と$2p$の部分をそれらのおよそのエネルギーレベルとともにスピンを表す矢印で描け．(b) $2s$軌道にある電子1個が$2p$軌道に移ったときの電子配置を同様に描け．(c) $2s$軌道と$2p_x$軌道が2つのsp混成軌道を作ったときの電子配置を同様に描け．

[2] 問[1](c)でできる2つのsp軌道の数式χ^1_{sp}とχ^2_{sp}を書け．これらは規格化条件（6.3節(1)の式(6.10)）ならびに直交条件（第7章演習問題[7]の解答における式(7.11)）を満足していることを確かめよ．

[3] 表7.6の原子軌道の数式ならびに図7.4および図7.6の原子軌道の図を参考にして，問[2]で求めた2つのsp混成軌道χ^1_{sp}とχ^2_{sp}のXY平面上での概形を描け．この図から予想される2つのsp混成軌道のなす角は何度か．説明せよ．

[4] 問[1]から問[3]の解答を参考にして，アセチレンの原子軌道模型（原子価状態の原子軌道をもとにして描いた軌道図）を描け．p軌道やsp軌道は細長く描き，2つの原子軌道の重なりを示す部分に共有電子対を2つの・印で示せ．各々の軌道に，$1s$, $2s$, $2p_z$, spなどの文字を入れ，各結合がσ結合かπ結合かを明記せよ．σ結合，π結合はそれぞれいくつあるか．

[5] 次式(12.1)〜(12.5)は，アセチレンのMO計算による結合性分子軌道ϕ_1〜ϕ_5の数式である．ϕ_4とϕ_5は縮重している．原子は$H^3-C^1-C^2-H^4$の順に並んでいる．

$$\phi_1 = 0.65\,\chi^1_{2s} + 0.23\,\chi^1_{2p_x} + 0.65\,\chi^2_{2s} - 0.23\,\chi^2_{2p_x} + 0.16\,\chi^3_{1s} + 0.16\,\chi^4_{1s} \tag{12.1}$$

$$\phi_2 = -0.47\,\chi^1_{2s} + 0.35\,\chi^1_{2p_x} + 0.47\,\chi^2_{2s} + 0.35\,\chi^2_{2p_x} - 0.40\,\chi^3_{1s} + 0.40\,\chi^4_{1s} \tag{12.2}$$

$$\phi_3 = 0.09\,\chi^1_{2s} - 0.55\,\chi^1_{2p_x} + 0.09\,\chi^2_{2s} + 0.55\,\chi^2_{2p_x} + 0.43\,\chi^3_{1s} + 0.43\,\chi^4_{1s} \tag{12.3}$$

$$\phi_4 = -0.01\,\chi^1_{2p_y} + 0.707\,\chi^1_{2p_z} - 0.01\,\chi^2_{2p_y} + 0.707\,\chi^2_{2p_z} \tag{12.4}$$

$$\phi_5 = 0.707\,\chi^1_{2p_y} + 0.01\,\chi^1_{2p_z} + 0.707\,\chi^2_{2p_y} + 0.01\,\chi^2_{2p_z} \tag{12.5}$$

(a) 結合性分子軌道のうち，アセチレンの 2 つの π 結合に相当するものはどれか．これらは等価な MO で，ただ方向性だけが異なっている．

(b) アセチレンの C−C σ 結合に対応する分子軌道は 1 つに限定できないが，それに最も近い分子軌道の番号はどれか．理由を記すこと．

(c) ϕ_2 の 2 つの 2s 軌道または 2 つの 2p 軌道はそれぞれ結合性か，反結合性か．2 つの原子軌道の結合性の組み合わせはどれとどれか．

第13章 共有結合におけるイオン性

　これまでの各章では，等核2原子分子（H_2, N_2, O_2 など）や，炭素－炭素結合など，イオン性を示さない共有結合について取り扱ってきた．本章では，化学反応を考えるときなどに必要な，結合の分極について述べる．原子軌道から分子軌道ができると考えるときに，軌道相互作用の原理を知っておくと便利である．本章では，まず，水素分子の生成における軌道相互作用を復習し，イオン性を持つ共有結合分子の例としてフッ化水素を取り扱う．さらに，結合の分極を表す指標のひとつである電気陰性度が，イオン化ポテンシャルや電子親和力という物理量をもとにして，どのように導出されるかを示す．また，この考え方の発展としての酸や塩基の硬さと軟らかさについてもふれる．

13.1 軌道相互作用の原理

　2つの原子軌道 χ_1, χ_2（エネルギー E_1, E_2）が相互作用して2つの分子軌

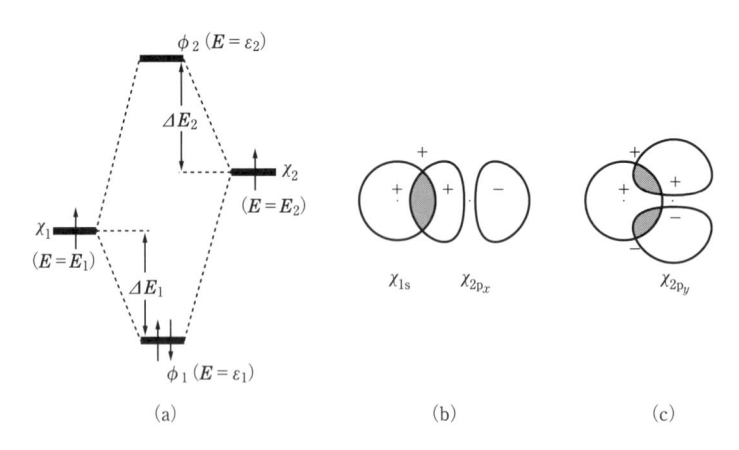

図 13.1 原子軌道 χ_1, χ_2 の相互作用による分子軌道 ϕ_1, ϕ_2 の生成（a），χ_{1s} と χ_{2p_x} の相互作用（b），χ_{1s} と χ_{2p_y} の相互作用（c）

13.1 軌道相互作用の原理

道 ϕ_1, ϕ_2（エネルギー ε_1, ε_2）が生成するときの相互作用を図 13.1 (a) のように表すとき，その相互作用の大きさ ΔE_1, ΔE_2 や生成する分子軌道の性質を求める原理は以下のようにまとめられる．

原理 1：2 つの原子軌道 χ_1, χ_2 の重なりが大きいほど，相互作用が大きい．

たとえば，異なる原子上の 1s 軌道と 2p$_x$ 軌道が図 13.1 (b) のように重なる場合は相互作用する．しかし，このとき，1s 軌道と 2p$_y$ 軌道の相互作用は，図 13.1 (c) に示すように＋と＋の重なりの部分と＋と－の重なりの部分が等しいので 0 となる（相互作用しない）．同様にして，この座標系では，1s と 2p$_z$ 軌道も相互作用しない．

原理 2：2 つの原子軌道 χ_1, χ_2 のエネルギー差 $|E_2 - E_1|$ が小さいほど，相互作用が大きい．このとき，図 13.1 (a) において，$|\Delta E_1| < |\Delta E_2|$ である．

たとえば，2 つの水素原子の 1s 軌道 χ_{1s}^1, χ_{1s}^2（エネルギー E_1, E_2）から 2 つの分子軌道 ϕ_1, ϕ_2 が生成するときは，E_1 と E_2 のエネルギー差が 0 なので相互作用が大きい（図 13.2）．第 9 章の HMO 法計算では，$|\Delta E_1| = |\Delta E_2| =$

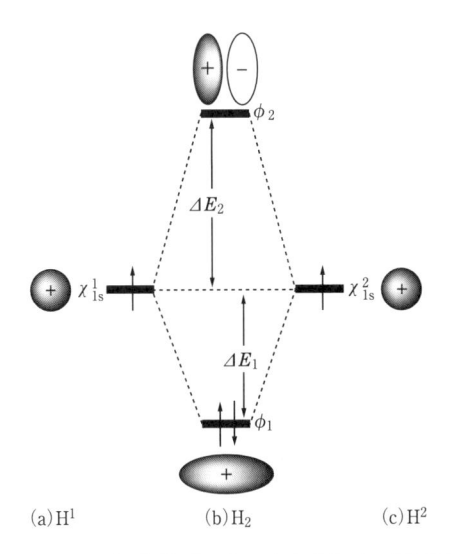

(a) H^1　　(b) H$_2$　　(c) H^2

図 13.2 水素原子（a, c）の原子軌道 χ_{1s}^1, χ_{1s}^2 から水素分子の分子軌道（b；ϕ_1, ϕ_2）を生ずるときのエネルギー変化と電子配置の模式図

$-\beta$ となったが，電子間反発を考慮した計算では，安定化のエネルギー $|\Delta E_1|$ よりも不安定化のエネルギー $|\Delta E_2|$ の方が大きいという結果が得られる．

一方，後述するフッ化水素の場合，それぞれの 1s 原子軌道のエネルギー差が大きいので，相互作用はほとんどないと考えてよい．

図 13.2 には，水素原子の原子軌道と水素分子の分子軌道の概念図が示してある．第 7 章で述べたように，2 つの原子軌道 χ_{1s}^1, χ_{1s}^2 の形はいずれも球形で，符号は＋である．この符号は，波の位相を表している．これらの 2 つの原子軌道が同じ位相（＋と＋）で重なったものが安定な分子軌道 ϕ_1 で，逆位相（＋と－）で重なったものが不安定な分子軌道 ϕ_2 である．ϕ_1 を **結合性分子軌道**（bonding MO），ϕ_2 を **反結合性分子軌道**（antibonding MO）という．それぞれの分子軌道の形の概略は，図の上下に示してある．

原理 3：2 つの原子軌道 χ_1, χ_2 のエネルギーが異なるとき（図 13.1 (a) のとき）は，生成する安定な方の分子軌道 ϕ_1 の形は低い方のエネルギーの原子軌道（図では χ_1）の形に近く，不安定な方の分子軌道 ϕ_2 の形は，高い方のエネルギーの原子軌道（図では χ_2）の形に近い．

13.2 フッ化水素の分子軌道法計算

フッ化水素（HF）は，刺激臭があり，きわめて毒性の強い発煙性の液体である．沸点 19.5 ℃ で，容易に気体となる．その水溶液はフッ化水素酸またはフッ酸と呼ばれ，酸としての性質を示す（H_3O^+ が存在する）が，気体のフッ化水素は共有結合性で，HF とその重合物 $(HF)_n$ の混合物である．

気体の HF に対して PM5 法の分子軌道法計算（12.6 節と類似の入力の後，EF PM5 PRECISE VECTORS ALLVEC BONDS XYZ として計算）を行うと，表 13.1 の結果が得られる．分子軌道エネルギーは，概略図 13.3 (b) のようになる．前の節の原理 2 で述べたように，水素原子の 1s 軌道とフッ素原子の 1s 軌道はエネルギー差が大きいために相互作用がほとんどないので，そもそも計算対象になっていない．また，原理 1 で述べたように，水素原子の

13.2 フッ化水素の分子軌道法計算

表 13.1 フッ化水素（HF）分子の PM5 法による計算結果

番号	原子	分子軌道とその エネルギー (eV) 軌道	ϕ_1 ($\varepsilon_1 = -37.6$)	ϕ_2 ($\varepsilon_2 = -17.2$)	ϕ_3 ($\varepsilon_3 = \varepsilon_4 = -15.3$)	ϕ_4	ϕ_5 ($\varepsilon_5 = 3.2$)
1	F	2s	0.95	0.23	0.00	0.00	-0.24
2	F	$2p_x$	0.07	-0.85	0.00	0.00	-0.53
3	F	$2p_y$	0.00	0.00	-0.15	0.99	0.00
4	F	$2p_z$	0.00	0.00	0.99	0.15	0.00
5	H	1s	0.32	-0.48	0.00	0.00	0.82

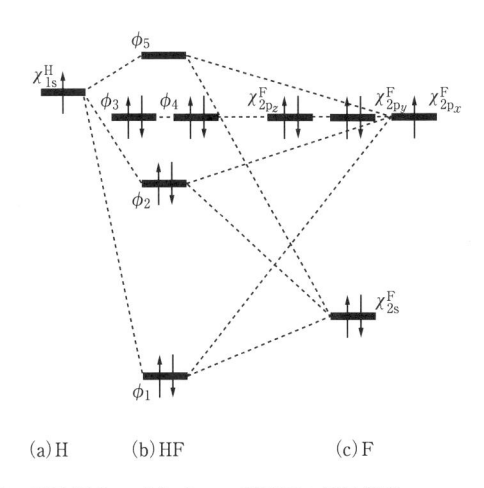

図 13.3 水素原子の原子軌道 χ_1 (a) とフッ素原子の原子軌道 $\chi_{2s}, \chi_{2p_x}, \chi_{2p_y}, \chi_{2p_z}$ (c) からフッ化水素の分子軌道 $\phi_1 \sim \phi_5$ (b) を生ずるときのエネルギー変化と電子配置の模式図

 χ_{1s} とフッ素原子の χ_{2p_x} が相互作用する座標系では，χ_{1s} と χ_{2p_y} または χ_{1s} と χ_{2p_z} との相互作用はない．したがって，フッ素の χ_{2p_y} 軌道と χ_{2p_z} 軌道は，そのままのエネルギー準位で HF の分子軌道の ϕ_3，ϕ_4 として存在する．水素原子の χ_{1s} 軌道は，フッ素原子の χ_{2p_x} 軌道のほかに，χ_{2s} 軌道と相互作用し，これら 3 つの原子軌道から ϕ_1，ϕ_2，ϕ_5 で示す 3 つの分子軌道が作られる．図 13.3 (a) の 1 s 軌道，(c) の 2 p_x 軌道ならびに 2 s 軌道から 3 本の破線が中央の分子軌道 ϕ_1，ϕ_2，ϕ_5 と結ばれているのはこのためである．どのような割合でこ

れらの原子軌道が寄与しているかは，表 13.1 に示す分子軌道の係数を見るとわかる．たとえば，ϕ_1 は

$$\phi_1 = 0.95\,\chi_{2s}^F + 0.07\,\chi_{2p_x}^F + 0.32\,\chi_{1s}^H \quad (13.1)$$

のように表せるので，2s の重みが $0.95^2 \fallingdotseq 0.90$，$2\,p_x$ の重みが $0.07^2 < 0.01$，1s の重みが $0.32^2 \fallingdotseq 0.10$ と計算できる．したがって，分子軌道 ϕ_1 の形は，1s よりもエネルギー的に近い 2s の形に似ていることになる．原理 3 で述べたことは，このように 3 つの原子軌道から分子軌道が生成するときにも拡張して用いることができる．$\phi_1 \sim \phi_5$ の 5 つの分子軌道のうち，$\phi_1 \sim \phi_4$ に 8 個の電子が 2 個ずつ配置されている．

計算された分子軌道の係数のうち，これら 4 個の被占軌道に対して式 (9.21) に示した電子密度の計算を行うと，水素原子上では 0.6649，フッ素原子上では，7.3351 となる．すなわち，それぞれの原子上のもとの電荷 1 または 7 に対し，水素では +0.3351 の不足，フッ素では 0.3351 の過剰と計算される（−0.3351 と出力される）．これは，H−F 間の共有結合にあずかる電子が，フッ素の方に片寄っていることを示している．

結合の分極を示す双極子モーメントの値は，所定の計算式† に従って 2.084

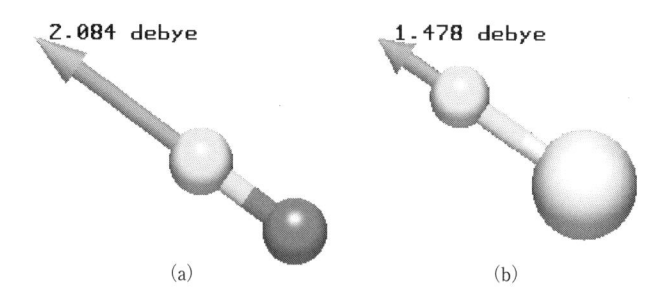

図 13.4　気体の HF 分子（a）ならびに HCl 分子（b）の双極子モーメントの計算結果
　　　　このソフトウェアでは双極子モーメントの方向は負極から正極へ向かう矢印で示されている．逆にとる場合もある．

$\dagger$　計算式は，MOPAC のマニュアルに記載されている．たとえば，下記の URL にある（2005 年 9 月現在）．
　　http://www.cachesoftware.com/mopac/Mopac2002manual/node460.html

D（デバイ）と出力される．図 13.4 に，双極子モーメントの出力図を同様に計算した HCl と対比させて示した．それぞれの測定値は，1.826 D，および 1.109 D である．結合のイオン性は，いうまでもなく HF の方が大きい．

13.3 イオン化ポテンシャルと電子親和力

周期表の 1A 族に属するリチウム Li，ナトリウム Na，カリウム K，ルビジウム Rb，セシウム Cs はアルカリ金属と呼ばれる．これらは 1 価の陽イオンとして天然に存在し，水酸化物または塩化物の融解塩電解により単体が得られる．アルカリ金属は，最外殻の s 軌道にある 1 個の電子を失って，希ガス型電子配置を持つ安定な 1 価の陽イオンとなる．気体中の基底状態にある原子または分子から 1 個の電子を無限遠に引き離して陽イオンを与えるために必要なエネルギーを**イオン化ポテンシャル**（ionization potential, *IP*）という（**イオン化エネルギー**；ionization energy ともいう）．アルカリ金属原子の *IP* は周期

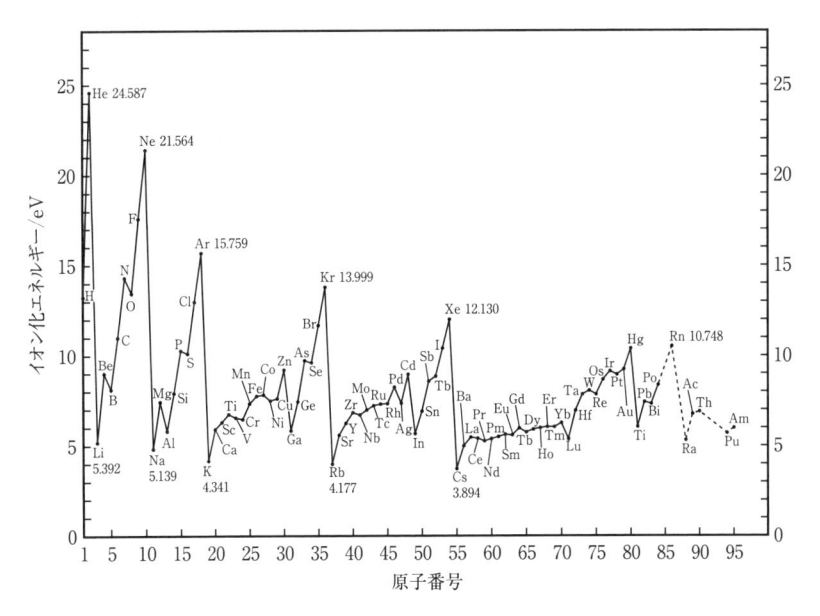

図 13.5　イオン化ポテンシャル（*IP*）の周期性（大野公一ら『図説 量子化学－分子軌道への視覚的アプローチ（化学サポートシリーズ）』（裳華房，2002），p.20 より転載）

表の各周期の原子の中で最も小さく,最も電気的に陽性である.上記5種のアルカリ金属の中では Li の IP が最も大きく,Cs の IP が最も小さい.第4章で述べた光電効果の実験は,Cs 合金を用いたときにのみ可視光で可能である.他の金属では,IP が大きいために紫外光が必要となる.図 13.5 に原子の IP の周期性を示した.原子や分子のイオン化ポテンシャルは,最高被占分子軌道(HOMO)のエネルギー ε_{HO} に負号をつけた次式(13.2)で与えられる.

$$IP = -\varepsilon_{HO} \qquad (13.2)$$

これを**クープマンスの定理**(Koopmans' theorem, 1933)という(Tjalling Charles Koopmans 1910-1985).この定理では,電子相関のエネルギー等が無視されているが,いろいろな近似の分子軌道法で実測値とよく対応することが確かめられている[†].

原子または分子が電子を受け取って1価の陰イオンになるときに放出されるエネルギーを**電子親和力**(electron affinity, EA)という.電子親和力は,電子を受け入れることができる最も低い軌道(最低空分子軌道,LUMO)のエネルギー ε_{LU} を用いて,近似的に次式(13.3)で与えられるとされている.原子の電子親和力の周期性も認められている[‡].

$$EA = -\varepsilon_{LU} \qquad (13.3)$$

13.4 電気陰性度

化学結合している原子が電子を引き付ける尺度を**電気陰性度**(electronegativity)という.ポーリング(Linus Carl Pauling 1901-1994)は,共有結合構造とイオン結合構造の間の共鳴エネルギーの考察をもとにして,電気陰性度の値を表 13.2 のように定めた.電気陰性度の値はおおむね周期表の右上に向かうほど大きい.すなわち,電気的に陰性な元素が右上に位置している.

[†] たとえば,廣田 穰 著:『分子軌道法(化学新シリーズ)』(裳華房,1999),p. 78.
[‡] たとえば,大野公一,山門英雄,岸本直樹 著:『図説 量子化学-分子軌道への視覚的アプローチ-(化学サポートシリーズ)』(裳華房,2002),p. 22.

13.4 電気陰性度

表 13.2 ポーリングの電気陰性度

H 2.1																	
Li 1.0	Be 1.5											B 2.0	C 2.5	N 3.0	O 3.5	F 4.0	
Na 0.9	Mg 1.2											Al 1.5	Si 1.8	P 2.1	S 2.5	Cl 3.0	
K 0.8	Ca 1.0	Sc 1.3	Ti 1.5	V 1.6	Cr 1.6	Mn 1.5	Fe 1.8	Co 1.8	Ni 1.8	Cu 1.9	Zn 1.6	Ga 1.6	Ge 1.8	As 2.0	Se 2.4	Br 2.8	
Rb 0.8	Sr 1.0	Y 1.2	Zr 1.4	Nb 1.6	Mo 1.8	Tc 1.9	Ru 2.2	Rh 2.2	Pd 2.2	Ag 1.9	Cd 1.7	In 1.7	Sn 1.8	Sb 1.9	Te 2.1	I 2.5	
Cs 0.7	Ba 0.9	La-Lu 1.1-1.2	Hf 1.3	Ta 1.5	W 1.7	Re 1.9	Os 2.2	Ir 2.2	Pt 2.2	Au 2.4	Hg 1.9	Tl 1.8	Pb 1.8	Bi 1.9	Po 2.0	At 2.2	
Fr 0.7	Ra 0.9	Ac 1.1	Th 1.3	Pa 1.5	U 1.7	Np-No 1.3											

表の値は各元素が通常の酸化状態に対するものである．いくつかの元素では電気陰性度の値が酸化状態で異なる．たとえば Fe^{II} 1.8, Fe^{III} 1.9, Cu^{I} 1.9, Cu^{II} 2.0, Sn^{II} 1.8, Sn^{IV} 1.9 などである (L. Pauling 著，小泉正夫 訳『化学結合論 (改訂版)』，共立出版 (1962), p.81.)

ポーリングは，2 つの原子 A, B の間の一重結合のイオン性の程度を表す式として，次式 (13.4) を提案した．

$$\text{イオン性の量} = 1 - \exp\{-0.25 \times (\text{原子 A, B の電気陰性度の差})^2\} \tag{13.4}$$

表 13.2 の値と式 (13.4) を用いると，HF 分子のイオン性は約 59 %，HCl 分子のイオン性は約 18 % と計算される．

マリケン (Robert Sanderson Mulliken 1896-1986) は，イオン化ポテンシャル IP と電気親和力 EA の算術平均が電気陰性度であるとする次式を提案した．

$$\text{電気陰性度} = \frac{IP + EA}{2} \tag{13.5}$$

上記の値はポーリングの値よりもおおむね大きな数値を与えるが，両者はほぼ比例関係にある．

13.5 酸や塩基の硬さと軟らかさ

1923年，ルイスは，電子の授受にもとづく酸・塩基の理論を提出した．たとえば，下式において，トリメチルアミンは電子対を与えて化学結合を形成するので**ルイス塩基**（Lewis base）であり，塩化アルミニウムはその電子対を受けとる相手なので**ルイス酸**（Lewis acid）である．すなわち，酸は**電子受容体**（electron acceptor），塩基は**電子供与体**（electron donor）として定義される．

$$\begin{array}{c} \text{Cl} \quad\ \text{CH}_3 \\ | \quad\ | \\ \text{Cl}-\text{Al} \ + \ \text{N}-\text{CH}_3 \\ | \quad\ | \\ \text{Cl} \quad\ \text{CH}_3 \end{array} \ \rightleftarrows \ \begin{array}{c} \text{Cl} \quad\ \text{CH}_3 \\ |\ominus \quad |\oplus \\ \text{Cl}-\text{Al}-\text{N}-\text{CH}_3 \\ | \quad\ | \\ \text{Cl} \quad\ \text{CH}_3 \end{array} \qquad (13.6)$$

化学結合は電子対によって形成されているから，これをルイス酸とルイス塩基に切断して分子の成り立ちを考えることができる．ピアソン（Ralph G. Pearson）は，これらを硬い酸と硬い塩基，ならびに軟らかい酸と軟らかい塩基に分類すると，硬い酸は硬い塩基と，軟らかい酸は軟らかい塩基と強く結合するという経験則を提出した．これを **HSAB 理論**（hard and soft acids and bases principle）という．

ピアソンは，次式（13.7）を用いて試薬の絶対的硬さ η（イータまたはエータ）が定量的に表現できるとした．

$$\eta = \frac{IP - EA}{2} \qquad (13.7)$$

HSAB 理論は，化学反応性や選択性を定性的に予測するための指標として重要である．一般に，硬い酸と硬い塩基の反応は反応試薬の電荷間のクーロン力に支配され，軟らかい酸と軟らかい塩基の反応は，分子軌道同士の電子移動相互作用に支配されると考えられている[†]．また，上式の η は，分子軌道法によって算出できるので，その値を電子吸収スペクトルの計算パラメーターの決定に利用するなど，種々の応用例が報告されている[‡]．

[†] 廣田 穰 著『分子軌道法（化学新シリーズ）』（裳華房，1999），p. 144.
[‡] K. Hiruta, S. Tokita, K. Nishimoto：*J. Chem. Soc. Perkin Trans. 2*, 1443-1448 (1995).

演 習 問 題

[1] 表 13.1 の値と式 (9.21) を用いて HF 分子の各原子上の電子密度 q (q_H または q_F) を求め，各々の**原子電荷** (atomic charge) を計算せよ．数式を書くこと．

[2] 金属が液体と接して陽イオンになる容易さを**イオン化傾向** (ionization tendency) という．アルカリ金属の水に対するイオン化傾向は，Li > K > Na の順である．この順序がイオン化ポテンシャルの小ささの順序 K < Na < Li と異なる理由を説明せよ．

[3] ポーリングの式 (13.4) を用いて，LiF と BrF のイオン性を計算せよ．

[4] ジメチルスルホキシド $(CH_3)_2SO$ 中，ヨウ化エチルをシアン化カリウムで処理する反応は，軟らかい塩基としてのシアン化物イオン CN^- と軟らかい酸としての CH_3CH_2I の反応と解釈されている．シアン化物イオンの HOMO とヨウ化物エチルの LUMO を表す下式を参考にして，この反応の生成物を予測せよ．

CN^- : $\phi_5 = 0.45\,\chi_{2s}^C - 0.66\,\chi_{2p_x}^C + 0.22\,\chi_{2p_x}^N + 0.21\,\chi_{2s}^N$

$C^2H_3C^1H_2I$:
$$\phi_{11} = 0.29\,\chi_{2s}^{C^1} + 0.17\,\chi_{2p_x}^{C^1} - 0.63\,\chi_{2p_y}^{C^1} + 0.21\,\chi_{5p_x}^{I} - 0.63\,\chi_{5p_x}^{I} + 0.03\,\chi_{5s}^{I}$$

第14章 ペリ環状反応

本書の第1章で，自然界の秩序が整数によって整理できることを述べた．最終章では，有機反応の理論的解析において，20世紀最大の発見として位置づけられているウッドワード・ホフマン則が，実は自然界の整数による秩序化とも関連していることを学ぶ．まず，環状電子反応の選択性と立体化学を，自由電子模型やヒュッケル分子軌道法にもとづく軌道対称性で説明する．つづいて，協奏的付加環化の遷移状態が本当に協奏的かどうかを，MOPACのPM5分子軌道法計算で解析する手法を述べる．

14.1 フロンティア軌道の大切さ

1952年，福井（福井謙一 1918-1998）は，ナフタレン（**1**）のニトロ化が2位よりも1位に優先的に起こる理由は，その最高被占分子軌道（HOMO）の係数において，1位の方が2位よりも大きいことで説明できるとした．そして，一般にHOMOやLUMO（最低空分子軌道）は有機反応の配向性を決める際などに特に重要であるとの観点から，これらの軌道を**フロンティア軌道**（frontier orbital）と呼ぶことを提案した．1954年，福井，藤本（藤本 博 1938- ）はこの考え方をさらに進め，ブタジエンとエチレンの反応では前者のHOMOと後者のLUMOが相互作用すると考えることにより，生成物の立体化学などが決まると報告した．

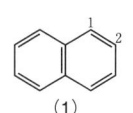

分子軌道の波動性にもとづくこのような対称性に注目すると，付加反応をはじめとする協奏的な反応に関する一般的な選択律を導くことができる．1969年，ウッドワード（Robert Burns Woodward 1917-1979）とホフマン（Ronald Hoffmann 1937- ）は，**ペリ環状反応**（pericyclic reaction）と呼ばれる遷移状態が環状の一群の反応に対して適用できる一般則を導いた．これを**ウッドワ**

ード・ホフマン則（WH 則）という．

ペリ環状反応は，**環状電子反応**（electrocyclic reaction），**協奏的付加環化**（electrocyclic cycloaddition），**環状電子転位**（electrocyclic rearrangement）に分類される．それぞれ，有機化学的に重要な反応を含むが，本書では，特によく利用される前二者について解説する．

14.2 環状電子反応

環状電子反応というのは，n（n は偶数）個の π 電子を持つ鎖状共役ポリエン (2) が分子内で環化して σ 結合を生成し，$n-2$ 個の π 電子を持つ環状化合物 (3) となる反応およびその逆反応である．

ウッドワード・ホフマン則による環状電子反応の一般則は，表 14.1 のようにまとめられる．ただし，r は正の整数，q は 0 または正の整数である．

表 14.1 環状電子反応の一般則

n	熱反応	光反応
$4r$	同旋	逆旋
$4q+2$	逆旋	同旋

この一般則は，化学反応の始原系から生成系に至るまで，分子軌道の対称性が保存されるという原理にもとづき，始原系と生成系の相関図を描いたとき，その相関性が被占軌道同士の間で成立するときには熱反応が許容，空軌道も関与する場合には光反応が許容されるとして導かれた[†]．表の中の**同旋**（conrotatory）や**逆旋**（disrotatory）という用語は，結合の回転方向を表しており，これによって生成物の立体化学が決まる．同旋か逆旋かはフロンティア軌道のうち，熱反応では HOMO，光反応では LUMO の分子軌道の両端の原子軌道の係数の符号により，図 14.1 のようにして決まる．すなわち，両端の係数の符号が＋と－（または－と＋）ならば同旋，＋と＋（または－と－）ならば逆旋である．図 14.1 (a) は，四置換 1,3-ブタジエンの HOMO の両端

[†] 相関図の描き方は多くの成書に詳述されているのでここでは省略する．たとえば，廣田穰 著：『分子軌道法（化学新シリーズ）』（裳華房，1999），p. 150；時田澄男 著："環状電子反応；ウッドワード・ホフマン則"『光と化学の事典』飛田満彦ら 編（丸善，2002），p. 73；p. 18．

(a)

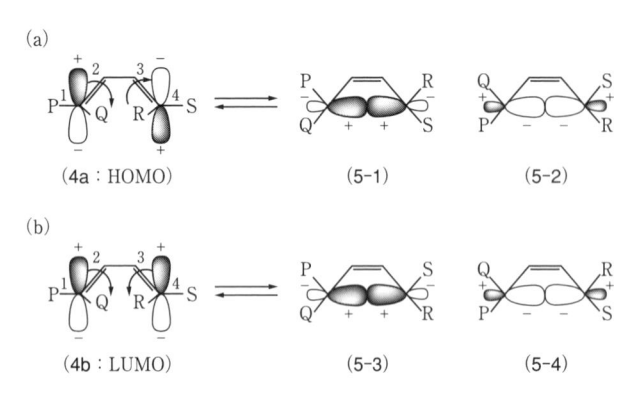

(4a：HOMO)　　(5-1)　　(5-2)

(b)

(4b：LUMO)　　(5-3)　　(5-4)

図 14.1　同旋的過程（a）と逆旋的過程（b）

の係数が＋と－である．σ電子を含めた計算を行っても，炭化水素の共役系の HOMO や LUMO は σ 軌道ではなく π 軌道になる．置換基がつくとこれらの軌道の係数の値は変化するが，符号は変わらない．そこで，図 8.2 または図 9.5 の 1,3-ブタジエンの分子軌道で確認してみると，HOMO（すなわち ϕ_2）の両端の軌道の係数は確かに＋と－である．

したがって，これらが図 14.1 の (4a) に示すように C^1-C^2 と C^3-C^4 結合がどちらも右回転すれば，式 (5-1) のように同符号の軌道胞が重なって安定な σ 結合を作ることになる．このとき C-C 軸の回転に伴って，置換基 P と R が分子面の上方に位置することになる．式 (4a) の回転方向を双方ともに左まわりの同旋とすると，置換基 P と R はともに分子面の下方に位置して，式 (5-2) の生成物となる．(5-1) と (5-2) は，P，Q，R，S の異同により異性体の関係になることがある．

図 14.1 (b) の (4b) が同じ四置換 1,3-ブタジエンの LUMO を描いたものであることも，同様にして確認できる．C^1-C^2 結合が図のように右回転し，C^3-C^4 結合が図のように左回転すると，式 (5-3) となり，それぞれが左，右に回転すると式 (5-4) となる．これらは式 (5-1) または (5-2) とは異なる立体化学的特徴を持っている．

第 9 章のソフトウェアを使って，HMO 法または PPP 法で鎖状共役ポリエ

ンの HOMO, LUMO を求めると, 図 14.2 が得られる. 第 8 章の FEM 法によって求めた分子軌道の一般式 (8.2) において, n が偶数と考えても同じ結果が得られる. すなわち, $n = 4r$ のときの HOMO または $n = 4q + 2$ のときの LUMO は両端が異符号となるのに対し, $n = 4r$ のときの LUMO または $n = 4q + 2$ のときの HOMO は両端が同符号であるから, 表 14.1 の一般則が成立することが納得できる.

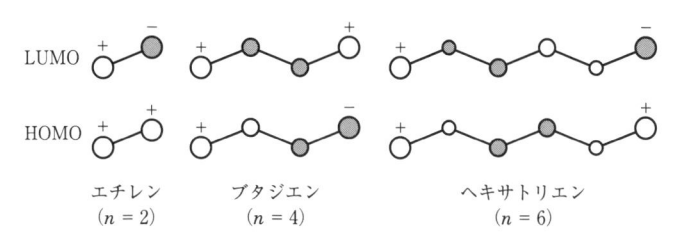

図 14.2 鎖状共役炭化水素の HOMO と LUMO

14.3 協奏的付加環化

ウッドワード・ホフマン則によれば, m, n 個の π 電子からなる 2 つの系が協奏的に付加して, $(m + n - 4)\pi$ 電子系の環化生成物を与える反応は, 表 14.2 のようにまとめられる. 一般則は共役系の分子面の同じ側や反対側で反応する場合で区別されているが, 表では全て同じ側で反応する場合のみを示した.

表 14.2 協奏的付加環化の一般則 (一部)

$m + n$	許容過程
$4r$	光反応
$4q + 2$	熱反応

たとえば, エチレンの二量化は光許容, 1,3-ブタジエン (4π) と無水マレイン酸 (2π) の反応は熱許容ということになる. これらの付加環化反応は, 反応点が 4 カ所あるが, その 2 カ所ずつが同時に (協奏的に) 反応することから, 協奏的付加環化と呼ばれている. 協奏的付加環化の一般則は, 軌道相関図をもとに導かれた. その要点は, 光許容反応は 2 つの LUMO 同士の相互作用, 熱許容反応は HOMO と LUMO の相互作用として説明されている (図 14.3).

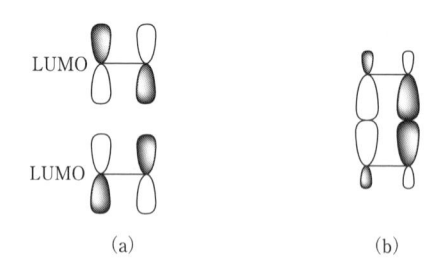

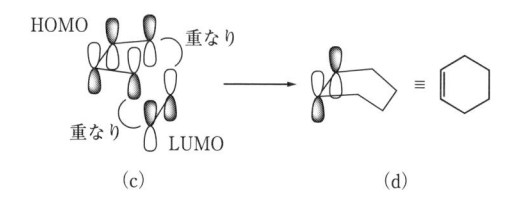

図 14.3　協奏的付加環化
　　(a) エチレンの 2 つの LUMO が相互作用する形，(b) シクロブタンの 1 つの分子軌道，(c)，(d) 4π + 2π 系の反応の相関図の一部

14.4　ディールス・アルダー反応

前の節で述べた (4 + 2)π 系の付加環化反応は，1928 年，ディールス (Otto Paul Hermann Diels 1876-1954) とアルダー (Kurt Alder 1902-1958) によって発表された．これを**ディールス・アルダー反応** (Diels-Alder reaction；DA 反応) と呼ぶ．有機合成化学においてきわめて有用な反応である．

DA 反応は，共役ジエンが，主として電子求引性の基によって活性化された二重結合または三重結合を持つ化合物（ジエノフィル）と付加して，六員環化合物を生成する反応である．本節では，まず，最もシンプルな DA 反応の例として，ブタジエン (6) とエチレン (7) の協奏的付加環化反応（式 (14.1)）の遷移状態解析をとりあげる．つぎに，シクロペンタジエン (9) と無水マレ

(14.1)

14.4 ディールス・アルダー反応

図 14.4 速度論支配（$\Delta E_a^1 < \Delta E_a^2$）で決まる反応（A + B → C）と熱力学支配（$\Delta H^1 > \Delta H^2$）で決まる反応（A + B → D）

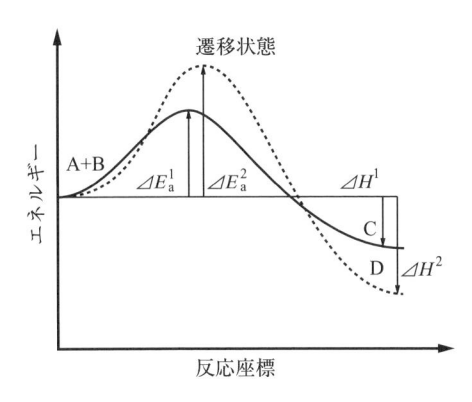

速度論支配：A+B と遷移状態のエネルギー差 $\Delta E_a^1 < \Delta E_a^2$ により C を生成

熱力学支配：生成エネルギー $\Delta H^1 > \Delta H^2$（$|\Delta H^1| < |\Delta H^2|$）により D を生成

イン酸（**10**）の反応（式 14.2）を取り扱う．この反応の生成物にはエンド体とエキソ体が考えられる．エンド体（**11**）はエキソ体（**12**）よりも不安定であるが，**速度論支配**（kinetic control；図 14.4 の A + B → C：活性化エネルギーの大小（$\Delta E_a^1 < \Delta E_a^2$）によって生成物が決まる反応）の場合は，優先的に生成する．**熱力学支配**（thermodynamic control；図 14.4 の A + B → D：逆反応も進行する条件下，生成物 C，D の熱力学的安定性によって決まる反応）では，安定な生成物であるエキソ体（図 14.4 の D に相当）が生成する．式（14.2）は，速度論支配で進行する反応条件が設定できることが知られている．

$$\text{(9)} + \text{(10)} \longrightarrow \text{(11)エンド体} \quad \text{(12)エキソ体} \tag{14.2}$$

14.4.1 ブタジエンとエチレンの反応の解析

この 2 分子反応の計算は次の手順で行う．

(1) 反応する 2 分子の個々の MO 計算データの作成

ブタジエンについては s-*cis* 体（図 14.5 の下側，通常の構造である s-*trans* 体を入力しないように注意する）を描画し，PM5 法で，EF を指示して最適

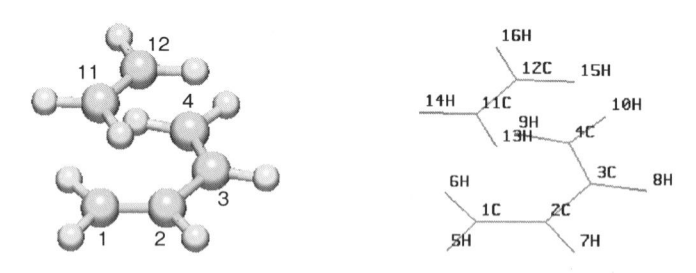

図 14.5　ブタジエン-エチレンのディールス・アルダー反応の初期図

構造とエネルギーのファイルを得る．エチレンについても最適構造を計算してファイルを作る．

(2) 作成した 2 分子のファイル（拡張子 .wmp を持つ 2 つのファイル）からディールス・アルダー反応用の 1 つの計算用ファイル（拡張子 .dat を持つファイル）を作成する．

① *cis*-ブタジエンとエチレンの出力ファイル（拡張子 .wmp）を適当なエディター（ワードパッドなど）から開き，各々の Z-matrix 部をコピーし，新しいワードパッドに，表 14.3 のように貼り付ける．この表では，4 行目から 13 行目がブタジエン，14 行目から 19 行目がエチレンとなっている．この際，上の 3 行は空けておく．1 行目は後で MOPAC のキーワード等が表 14.3 のように書き込まれる（先ほどのコピーの際に残しておいてもよい）．2 行目は化合物名等の Comments 欄なので，自由にメモを書く．3 行目は必ず空白行とする．

② 反応の性質から両分子の平面を平行にし，C^{11} を C^1 の真上 2.5 Å（任意だが，収束させるため，この程度からの反応開始が適当）に置き，反応点とする．表 14.3 の 14 行目以降の数値を，アンダーラインをつけた数値に変更することにより，このような位置関係（図 14.5）が得られる．もちろんエチレンの C^{11} と C^{12} をブタジエンの C^1 と C^4 の真中に置いてもよいが，事前の計算が少し必要である．計算結果は同じになる．ただし，収束しにくいこともあるので，初期条件を工夫する．エチレンの wmp ファイルにおける C^1 は，作成中の dat ファイ

14.4 ディールス・アルダー反応

表14.3 初期構造用 Z-matrix に計算用のオプションを加えたファイルの内容
（カッコ内とアンダーラインは説明のために後から記入した）

(1行目)		EF PM 5 PRECISE VECTORS ALLVEC（計算方法の指示）								
(2行目)		Diels–Alder reaction of 1,3-butadiene with ethylene（コメント行）								
(3行目)										
(4行目：原子1)	C	0.00000	0	0.00000	0	0.00000	0	0	0	0
(5行目：原子2)	C	1.31957	1	0.00000	0	0.00000	0	1	0	0
(6行目：原子3)	C	1.45679	1	125.86690	1	0.00000	0	2	1	0
(7行目：原子4)	C	1.31958	1	125.85023	1	−0.00003	1	3	2	1
(8行目：原子5)	H	1.09072	1	124.15776	1	−0.00004	1	1	2	3
(9行目：原子6)	H	1.09153	1	121.77704	1	179.99999	1	1	2	3
(10行目：原子7)	H	1.09921	1	120.03325	1	0.00005	1	2	1	6
(11行目：原子8)	H	1.09919	1	114.10122	1	179.99983	1	3	2	1
(12行目：原子9)	H	1.09072	1	124.14899	1	−0.00004	1	4	3	2
(13行目：原子10)	H	1.09152	1	121.78354	1	179.99995	1	4	3	2
(14行目：原子11)	C	<u>2.50000</u>	−1	90.00000	1	−90.00000	1	1	2	3
(15行目：原子12)	C	1.31052	1	90.00000	1	54.10000	1	<u>11</u>	<u>1</u>	<u>2</u>
(16行目：原子13)	H	1.09180	1	123.00635	1	90.00000	1	<u>11</u>	<u>12</u>	<u>1</u>
(17行目：原子14)	H	1.09180	1	123.00635	1	180.00000	1	<u>11</u>	<u>12</u>	<u>13</u>
(18行目：原子15)	H	1.09180	1	123.00635	1	180.00000	1	<u>12</u>	<u>11</u>	<u>14</u>
(19行目：原子16)	H	1.09180	1	123.00635	1	0.00000	1	<u>12</u>	<u>11</u>	<u>14</u>
(20行目)										
(21行目)		<u>2.4 2.3 2.2 2.1 2.0 1.9 1.8 1.7 1.6 1.55</u>								
		（C^{11} と C^1 の距離：(3) ②参照）								

ルでは C^{11} となっている．以降の原子の番号も変化しているので，アンダーラインの最後の3個の数値（合計18個）を変更する（③で詳述）．結合角や2面角は，事前に2分子の分子模型を作るなどの工夫をして決める．

③ Z-matrix では各原子の情報は特定の一行につぎのように表現することはすでに述べた（第12章）．エチレンの Z-matrix を貼り付けた直後の11番目のCはつぎのようになっている．

原子の番号と種類	距離	Flag	角度	Flag	2面角	Flag	関係原子3個の番号
(11) C	0.0	0	0.0	0	0.0	0	0 0 0

これを，以下のように変更する．すなわち図14.5では11番目の原子

（エチレンの炭素）が，1-2-3番目の原子（ブタジエンの炭素）と順次結合しているという指定に変更する．C^{11} と C^1 の距離 2.5 Å の Flag を -1 としたのは，これを段階的に 1.55 Å まで近づけるデータを入力するからである．結合角や 2 面角は，事前に決めた値を入力する．これらの角度は構造最適化の過程で変化させなければならないので，それぞれの Flag を 1 に変更する．

(11)　C　　2.5　-1　90.0　1　-90.0　1　　1 2 3

12番目のC，13番目のHもつぎのように変更する．

(12)　C　　1.31　1　90.0　1　54.1　1　　11 1 2
(13)　H　　1.09　1　123.0　1　90.0　1　　11 12 1

14 番目以降は番号の変更（10 の和）だけでよい．以上の反応物配置済のファイル（20, 21 行は未入力）を butadiene-ethylene.dat などと「.dat」をつけて保存し，正しい座標かどうかを下記(3)の操作で確認する．

(3) dat ファイルの読み込みと DA 反応の進行のための編集と結果

① WinMOPAC の File メニューから Open を指示する（すでに Open されているファイルがあるときは，Close してから行う）．画面で，butadiene-ethylene.dat ファイルを選択し，[開く] をクリックすると，ワークスペース上に，予想通り *cis*-ブタジエンとエチレンが 2.5 Å 離れて表示される（図 14.5 左の図は，図 12.3 に示した 3 次元回転アイコン⑧と球棒模型ボタン⑮により得られる）．そこで Edit から Edit Z-matrix に入り，画面右上の Z-matrix をクリックして表 14.3 に相当する Z-matrix を出す．

② 11 行目をクリックしてハイライト部を 11 行に移し，距離が 2.5 Å の Flag が -1 に変更されていることを確認する．ここで，Additional data 部に 2.4 2.3 2.2 2.1 … 1.8 1.7 1.6 1.55 と（表 14.3 の 21 行

14.4 ディールス・アルダー反応　　141

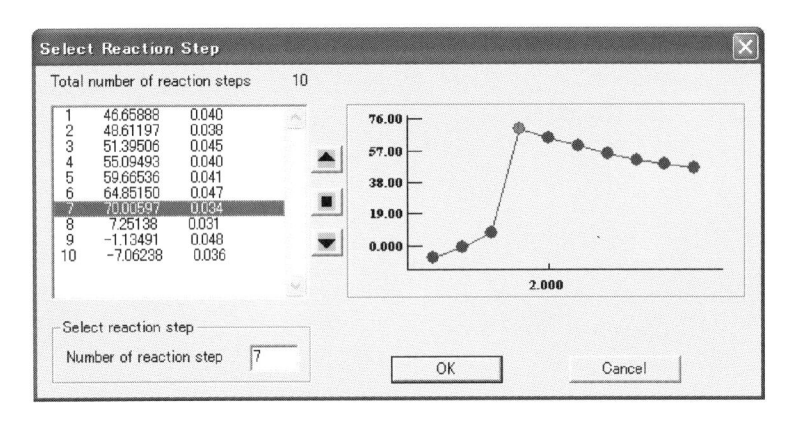

図 14.6　ディールス・アルダー反応のエネルギー曲線（TS 最適化前）

目のとおりに）入力する．1 行目のキーワード（計算オプション）も確認して OK とする（ファイルを上書きする）．Calculation を start させると，C^{11} と C^1 の距離が，2.5 Å から 1.55 Å まで 0.1 Å（最後は 0.05 Å）きざみで近づき，それぞれの距離でのポテンシャルエネルギーが計算される．

③　ワークスペースでは反応像が変化し，計算が終了すると画面左下に "MOPAC done" が表示される．計算結果はファイル butadiene-ethylene.wmp や butadiene-ethylene.out 等に作成される．Properties から Reaction を選択すると，図 14.6 の Select Reaction Step 画面が表示される．横軸は $C^{11}-C^1$ 間距離であり，縦軸はポテンシャルエネルギー（kcal・mol^{-1}）で，2 Å 付近で遷移状態になることを示唆する．また付表のセルを指定すると，そのエネルギー値の構造がワークスペースに表示される．

(4) **遷移状態**（transition state, TS）の構造最適化

①　エネルギーの極大点（またはその近くの点）を，遷移構造探索の初期構造とするため，reaction step 7 の点を選択し OK とする．

②　Edit Z-matrix でキーワードの EF を削除して TS を加える．ファイ

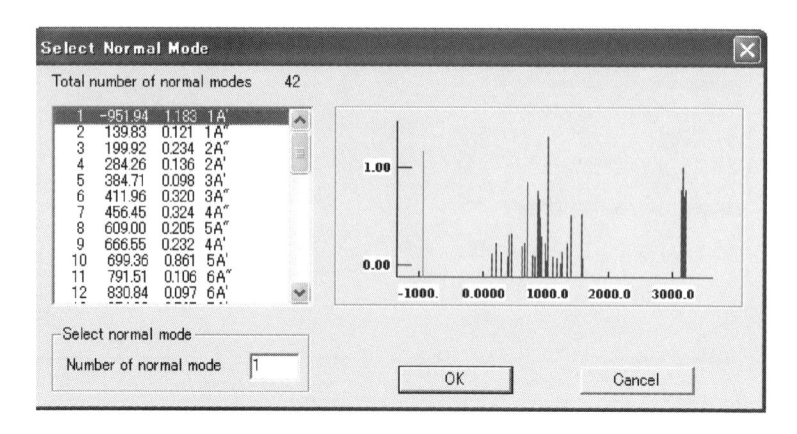

図14.7 遷移状態の基準振動解析（負の値：$-951.7\,\mathrm{cm^{-1}}$）

ル名を butadiene-ethylene-ts.dat などと変更する．

③ 右上 Z-matrix をクリックして表示し，11番目の原子，C^{11} の結合長 Flag（以前 -1 だったもの）を 0 から 1 に変更する．

④ OK ボタンを押した後，Calculation から Start をクリックして計算を行い，TS の構造とエネルギー値（HOF エネルギー：$Hf_{TS} = 67.9$ $\mathrm{kcal \cdot mol^{-1}}$）などを得る．

(5) 基準振動（FORCE）計算による遷移状態の確認

① TS の計算が終わってから Edit Z-matrix を開き，Name を butadiene-ethylene-force.dat などに変える．またキーワードで TS を削除して FORCE ISOTOPE を追加する．

② OK 後 Calculation から Start にして計算を行う．計算後 Properties から Normal Mode を選択すると図14.7 が得られる．図中，-955 $\mathrm{cm^{-1}}$ 付近に負（すなわち虚）の基準振動が1つあることから，この構造が TS 構造であることが確認される．

(6) 極限反応座標（intrinsic reaction coordinate：IRC）の解析

① File を Close にして Force を閉じ，改めて File を Open にする．

② 下部"File の種類"を wmp にした後，保存された File から butadiene-ethylene.ts のファイルを選択する．

③ Edit から Z-matrix をクリックして Z-matrix ダイアログとし，Name を butadiene-ethylene-irc.dat に変更する．またキーワードで TS を削除して IRC = 01 LARGE = 100 を追加する．

④ OK ボタンを押した後，Calculation を Start にして計算を行う．これまでと比べると多少時間がかかる．進行状況は右下に表示される．左下に Mopac done と表示されたら，Properties から Reaction を選択して図 14.8 の IRC 曲線を得る．横軸は反応座標で，単位はボーア半径（53 pm = 0.53 Å；3.4 節参照）である．ゼロ点が遷移状態（TS）で，右端は反応系，左端が安定な生成系を示す．図 14.8 の下向きの三角形のボタン（▼）をクリックすると，反応過程の動画が見られる．3 次元回転アイコン⑧（図 12.3）を用いて構造がよく見える方向を選ぶと，C^1–C^{11} 結合と C^4–C^{12} 結合が同時に切断される様子が観察できる．上向きのボタン（▲）をクリックすると，これらの結合が同時に生成する．ディールス・アルダー反応は**四中心反応**（four-centered reaction）とも呼ばれる．イオンもラジカルも経由せずに，4 つの反応点が同時に結合または切断されるという意味合いである．すなわち，この反応は**協奏的**（concerted）であるといわれる

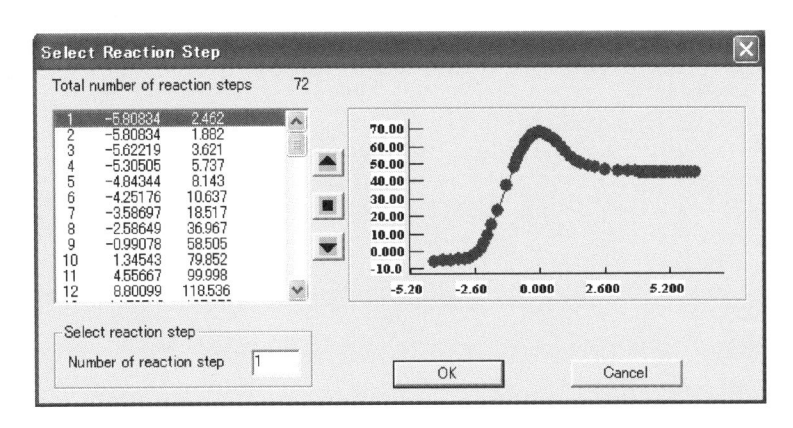

図 14.8 ディールス・アルダー反応の固有反応座標(IRC)解析

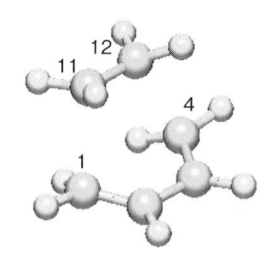

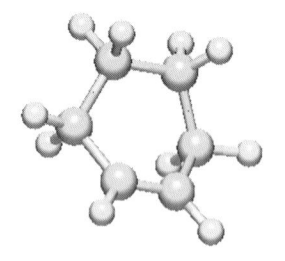

TS : $R_{1\text{-}11} = R_{4\text{-}12} = 2.12$ Å
$Hf_{TS} = -5.88$ kcal・mol^{-1}

図 14.9 ディールス・アルダー反応過程(左：TS)と生成物(右)

が，そのありさまが計算でも示せたことになる．

図 14.9 に，本反応の遷移状態構造（TS：左）とディールス・アルダー反応の生成物（右）を示す．

つぎに，本反応の活性化エネルギー ΔE_a を以下のようにして求める．

TS 点での HOF エネルギー（Hf_{TS}）は下の式で表すことができる．

$$Hf_{TS} = 67.9 \text{ kcal}\cdot\text{mol}^{-1} \tag{14.3}$$

一方でブタジエンとエチレンの HOF のエネルギー和は，つぎのようである．

$$Hf(\text{ブタジエン}) + Hf(\text{エチレン}) = 15.1 \text{ kcal}\cdot\text{mol}^{-1} + 28.7 \text{ kcal}\cdot\text{mol}^{-1}$$
$$= 43.8 \text{ kcal}\cdot\text{mol}^{-1} \tag{14.4}$$

したがって活性化エネルギー ΔE_a はつぎの値となる．また実験値を付記する．

$$\Delta E_a = 24.1 \text{ kcal}\cdot\text{mol}^{-1} \quad （実験値：27.5 \text{ kcal}\cdot\text{mol}^{-1}） \tag{14.5}$$

14.4.3 項の表 14.4 をもとに後で述べるが，実験値とよく一致しているといえる．

14.4.2 シクロペンタジエンと無水マレイン酸の反応における立体選択性

式（14.2）のシクロペンタジエン（**9**，以下 CP と略す）と無水マレイン酸（**10**，以下 MA と略す）とのディールス・アルダー反応の立体選択性と活性化エネルギーについて，つぎの実験データがある．

$$\varDelta E_{\mathrm{a(endo)}} = 12.3 \,\mathrm{kcal \cdot mol^{-1}} \quad (0 \sim 40 \,°\mathrm{C})^{\dagger}$$

$$\frac{\text{エンド体(11)}}{\text{エキソ体(12)}} = \frac{98.5}{1.5} \quad (25\,°\mathrm{C})^{\ddagger}$$

この反応は，速度論支配の反応であり，また上記条件で生成物は分解しないことが知られている．すなわち安定である．そこで次式によりエキソ体の活性化エネルギー $\varDelta E_{\mathrm{a(exo)}}$ を求める．

速度式 $\ln \dfrac{k_1}{k_2} \fallingdotseq \dfrac{-\varDelta\varDelta E_\mathrm{a}}{RT}$ に，$\dfrac{k_1}{k_2} = \dfrac{98.5}{1.5}$ を代入して計算する．

$$-\varDelta\varDelta E_\mathrm{a} = -(12.3\,\mathrm{kcal\cdot mol^{-1}} - \varDelta E_\mathrm{a(exo)}) = 4.13\,RT$$
$$= 2.5\,\mathrm{kcal\cdot mol^{-1}}$$

以上より

$$\varDelta E_\mathrm{a(exo)} = 14.8\,\mathrm{kcal\cdot mol^{-1}} \tag{14.6}$$

そこで 14.4.1 項に示した方法で PM5 法を用い，$\varDelta E_\mathrm{a(endo)}$ と $\varDelta E_\mathrm{a(exo)}$ の値を求め，実験値と比較する．以下 MO 計算の出力を示す．

1) CP と MA の Hf

$$\left.\begin{aligned} \mathrm{CP} : Hf &= 33.0\,\mathrm{kcal\cdot mol^{-1}} \\ \varepsilon_\mathrm{HO} &= -9.0\,\mathrm{eV} \\ \varepsilon_\mathrm{LU} &= 0.69\,\mathrm{eV} \end{aligned}\right\} \tag{14.7}$$

$$\left.\begin{aligned} \mathrm{MA} : Hf &= -87.9\,\mathrm{kcal\cdot mol^{-1}} \\ \varepsilon_\mathrm{HO} &= -11.8\,\mathrm{eV} \\ \varepsilon_\mathrm{LU} &= -2.2\,\mathrm{eV} \end{aligned}\right\} \tag{14.8}$$

2) エンド体の TS 構造とエネルギー

$$\left.\begin{aligned} Hf_\mathrm{TS} &= -41.2\,\mathrm{kcal\cdot mol^{-1}} \\ \varDelta E_\mathrm{a(endo)} &= 13.7\,\mathrm{kcal\cdot mol^{-1}} \\ R_{1-12}(\text{原子 1 と原子 12 の距離}) &= R_{4-13} = 2.17\,\text{Å} \\ \text{負の振動数} &= -762.1\,\mathrm{cm^{-1}} \end{aligned}\right\} \tag{14.9}$$

[†] A. Wassermann："Diels-Alder Reaction"（Elsevier, 1965），p. 52.
[‡] L. M. Stephenson, D. E. Smith, S. P. Current：*J. Org. Chem.*, **47**, 4170（1982）.

3) エキソ体のTS構造とエネルギー

$$\left.\begin{array}{l} Hf_{TS} = -38.9 \text{ kcal} \cdot \text{mol}^{-1} \\ \Delta E_{a(exo)} = 16.0 \text{ kcal} \cdot \text{mol}^{-1} \\ R_{1-12} = R_{4-13} = 2.17 \text{ Å} \\ \text{負の振動数} = -739.9 \text{ cm}^{-1} \end{array}\right\} \quad (14.10)$$

以上のように，PM5法計算によるディールス・アルダー反応の活性化エネルギー値は実験値によく一致する．また立体選択性を示す活性化エネルギーの差 $\Delta\Delta E_a$ はつぎのようである．

$$\Delta\Delta E_a = \Delta E_{a(exo)} - \Delta E_{a(endo)} = 2.3 \text{ kcal} \cdot \text{mol}^{-1} \quad (14.11)$$

$\Delta\Delta E_a$ 値も実測値 $2.5 \text{ kcal} \cdot \text{mol}^{-1}$ に近い．

図 14.10 にエンド付加体の TS 構造と生成物を示す．他の計算方法との比較は 14.4.3 項に記す．

TS：$R_{1-12} = 2.17$ Å
$Hf_{TS} = -41.2 \text{ kcal} \cdot \text{mol}^{-1}$

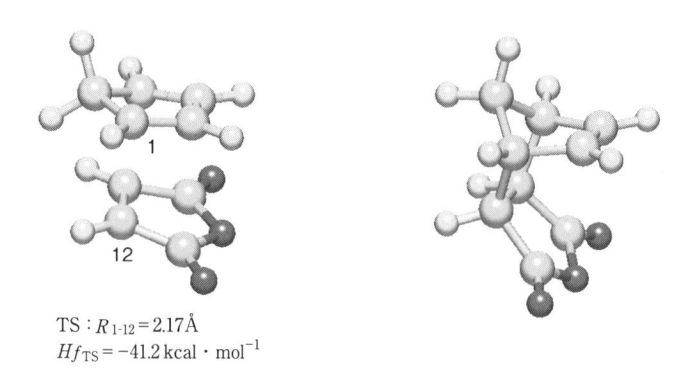

図 14.10　エンド体の TS 構造(左)と生成物(右)

14.4.3　活性化エネルギーの計算精度

いろいろの化学物質，材料および生体組織の物性やスペクトルが，また化学反応が，分子軌道（MO）法を用いて定性的，定量的に説明されている．予測や設計にも用いられつつある．

半経験的方法である MOPAC AM1，PM3 法等の適用の可否については，

WinMOPAC（富士通）のホームページ（http://venus.netlaboratory.com/ material/messe/winmopac39/index.html）で見ることができる．PM5法の情報は少ないが，MOPACのホームページ（http://www.cachesoftware.com/ mopac/Mopac2002manual/qindex.htm）で近似の改善がなされていることがわかる（どちらも2005年9月現在）．また非経験的方法を主としていろいろな計算レベルのおさめられたGaussianプログラムの中で，密度汎関数（DFT）法のB3LYP/6-31+G(d)レベルの計算が，演算時間（cpu）と精度の両面から最近よく利用されている．

ここでは，実測値がありすでにMOの比較データもあり，本書でも計算した式（14.1）と式（14.2）の2種について記す．

ブタジエンとエチレンとのディールス・アルダー反応（式（14.1））について，成書のデータも参考に表14.4を作成した．

式（14.2）のシクロペンタジエン（CP）と無水マレイン酸（MA）の反応の活性化エネルギー（ΔE_a）と立体選択性（$\Delta\Delta E_a$）については，表14.5にまとめて示す．

表14.4 エチレンと1,3-ブタジエンのディールス・アルダー反応

	AM1	PM3	PM5	RHF[1a]	MP2[1a]	MP4[1a]	B3LYP[1]	B3LYP/6-31+G(d)	実験値[a]
ΔE_a	23.0	26.3	24.1	47.4	20.0	21.2	24.8	23.30	27.5(kcal・mol^{-1})
R_{1-11}	2.12	2.14	2.12	2.20	2.29		2.27	2.27	(Å)

[1]基底関数/6-31G* [a]榊 茂好：『有機合成化学の新潮流』，化学総説 No.47（日本化学会，2000）p.180．

表14.5 活性化エネルギー（ΔE_a）と立体選択性（$\Delta\Delta E_a$）

	計算値（ΔE_a）					実験値[1]
	AM1	PM3	PM5	RHF/6-31+G(d)	B3LYP/6-31+G(d)[2]	(kcal・mol^{-1})
エンド体	25.5	27.8	13.7	31.8	15.6(13.7)*	12.3
エキソ体	24.3	27.8	16.0	34.1	16.9(15.1)	14.8
$-\Delta\Delta E_a$	-1.2	0	2.3	2.3	1.3(1.4)	2.5

[1] L. M. Stephenson, D. E. Smith, S. P. Current：*J. Org. Chem.*, **47**, 4170（1982）など．
[2] S. Kiri, Y. Odo, H. I. Omar, T. Shimo, K. Somekawa, *Bull. Chem. Soc. Jpn.*, **77**, 1499 (2004).
＊カッコ内は零点補正なし．

表 14.4 と表 14.5 を総合的に見て，また文献を参考にして，MOPAC 法では最近出された PM5 法が以前の AM1 や PM3 に比べて格段に実験値に近い値を与えている．DFT 法の B3LYP/6-31+G(d) レベルは，計算時間が大きくない割りに満足のいく値となっている．ここには示さなかったが，PM5 法は水素結合距離が長くなるなどの結果も出ている．以前，アミド結合等に補正（キーワード MMOK）がなされ MOPAC は改良された．今後水素結合に対する補正をはじめ，MOPAC-PM5 法がさらに改良され新しいバージョンになっていくことと思われる．

WinMOPAC は視覚的および教育的に，また経済的によい点を備えているため普及している．今後は DFT 法等と併用されながら，その特徴を生かしていくことと思われる．

有機化学反応は，MO 法の利用で定性的ならびに定量的な予測が可能になった．フロンティア MO による定性的解析は，ウッドワード・ホフマン則という有用な指導原理を生んだ．遷移状態解析をはじめとする定量的解析は，どのような大発見へと結実するのであろうか．

演 習 問 題

[1] *trans*-3,4-ジメチルシクロブテン (**13**) は加熱により化合物 (**14**) を与える．ただし逆反応の生成物は 1 つしか示していない．

(1) この反応は同旋的か逆旋的か，MO の図を描いて説明せよ．
ヒント：熱反応で HOMO の対称性を考えること．ブタジエンが参考になる．
(2) (**14**) に紫外光を照射するとどうなるか．
ヒント：LUMO を考える．
(3) (**14**) のイオン化ポテンシャル（*IP*）と HOMO のエネルギーはブタジエンと比べどうなると予想されるか．

演習問題

[2] 次の反応の生成物の構造式を立体化学がわかるように描き，R, S 命名法で命名せよ．

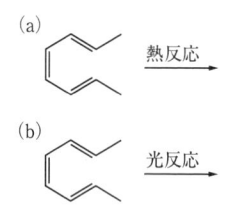

(a) [(Z,Z)-ヘキサジエン] →熱反応

(b) [(Z,Z)-ヘキサジエン] →光反応

ヒント：R, S 命名法では，不斉炭素原子 C^* についた 4 つの置換基に優先順位 ①〜④ をつけ，最も優先順の低い置換基 ④ を紙面の向こう側に置き，残る 3 つの置換基 ①〜③ が右回りなら R，左回りなら S と命名する．置換基の優先順は，原子番号の大きい方が優位となる．直接結合している原子が同じときは，つぎの原子で比較する．多重結合は 2 つまたは 3 つの同じ原子が結合しているとして比較する（ただし，$\langle^A_A$ ＝ A に優先するものとする）．

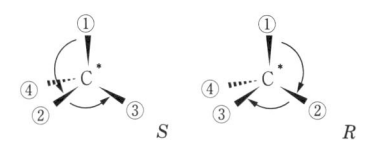

[S の図] [R の図]

[3] つぎの設問 (a)〜(c) に答えよ．
(a) 1,3-ブタジエンとエチレンの HMO 法による分子軌道エネルギーを，エネルギーを縦軸として並べて描け．
(b) エチレンに電子求引基が置換すると，問 (a) のエチレンの HOMO と LUMO の軌道エネルギーはそれぞれ上昇するか下降するか．その概略図を (a) の答と同じ縦軸で描け．
(c) 第 13 章で述べた軌道相互作用の原理が分子間でも成立している．上記 (a)，(b) のいずれが，ジエンの HOMO とジエノフィルの LUMO の相互作用が大きいか．この結果をもとにして，どちらの反応が進行しやすいかを考察せよ．

[4] シクロペンタジエンと無水マレイン酸の反応では，エンド体が生成する活性化エネルギーの方がエキソ体のそれよりも低くなる（14.4.2 項）．この理由を，それぞれの遷移状態における π 電子の軌道相互作用の概念図を描いて説明せよ．

さらに勉強したい人たちのために

西尾成子『こうして始まった 20 世紀の物理学』ポピュラー・サイエンス, 裳華房 (1997)

「20 世紀の物理学」編集委員会 編『20 世紀の物理学 (全 3 巻)』丸善 (1999)

ワインバーグ, S. 著 (本間三郎 訳)『電子と原子核の発見－20 世紀物理学を築いた人々－』日本経済新聞社 (1986)

セグレ, E. G. 著 (久保亮五, 矢崎裕二 訳)『X 線からクォークまで－20 世紀の物理学者たち－』みすず書房 (1982)

グラストン, S., トムソン, G. P. 著 (石田正次 訳)『原子と電子の世界』東海科学選書, 東海大学出版会 (1976)

小川岩雄『原子と原子核』物理学 one point 29, 共立出版 (1990)

ムーア, W. 著 (小林澈郎, 土佐幸子 訳)『シュレーディンガー－その生涯と思想－』培風館 (1995)

高分子学会 編『化学者のための数学』東京化学同人 (1981)

リグデン J. S. 著 (上野時宏 訳)『水素を覗くと宇宙が見える』シュプリンガー・フェアラーク東京 (2004)

日本化学会 編『元素の周期系』化学の原典 8, 東京大学出版会 (1976)

日本化学会 編『希ガスの発見と研究』化学の原典 9, 東京大学出版会 (1976)

原田義也『量子化学』基礎化学選書 12, 裳華房 (1978)

ピメンテル, G. C., スプラトレイ, R. D. 著 (千原秀昭, 大西俊一 訳)『化学結合－その量子論的理解－』東京化学同人 (1974)

時田澄男『実例パソコン 目で見る量子化学』講談社 (1987)

川橋正昭, 豊岡 了, 加藤 寛, 時田澄男『実例パソコン 目で見る力学』講談社 (1990)

時田澄男『カラーケミストリー』化学セミナー 9, 丸善 (1982)

時田澄男，松岡 賢，古後義也，木原 寛『機能性色素の分子設計－PPP 分子軌道法とその活用－』丸善（1989）

渡辺 正 編著『化学ラボガイド』化学者のための基礎講座 6，朝倉書店（2001）

平野恒夫，田辺和俊 編『分子軌道法 MOPAC ガイドブック』海文堂（1991）

田辺和俊，堀 憲次 編『分子軌道法でみる有機反応－MOPAC 演習－』丸善（1997）

堀 憲次，山崎鈴子『計算化学実験』丸善（1998）

時田澄男 監修『エレクトロニクス用機能性色素』CMC テクニカルライブラリー 192，シーエムシー出版（2005）

稲垣都士，石田 勝，和佐田裕昭『有機軌道論のすすめ』シリーズ有機化学の探険，丸善（1998）

藤本 博，山辺信一，稲垣都士『有機反応と軌道概念』化学同人（1986）

演習問題解答

第 1 章

[1] $364.56 \times \dfrac{7^2}{7^2 - 2^2} = 364.56 \times \dfrac{49}{49 - 4} = 396.97$ (nm)

答．396.97 nm

[2] $R_H = n_1^2 / 364.56\,\text{nm}$ の式に $n_1 = 2$ を代入する．

$R_H = \dfrac{2^2}{364.56\,\text{nm}} = 1.0972 \times 10^7\,\text{m}^{-1}$

最新の値 $1.09737 \times 10^7\,\text{m}^{-1}$ との差はわずかに $0.0002 \times 10^7\,\text{m}^{-1}$ である．

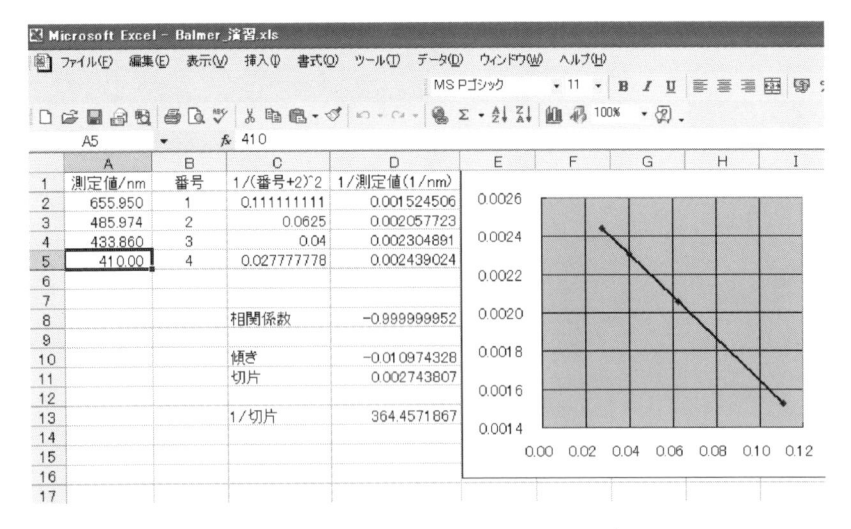

[3] 図に示すように，本文中で用いた Excel ファイルを開き，A2～A5 欄に新しい値を代入して Enter ↵ を押すことにより，364.46 nm という値が求まる．これはオングストレームの測定値から求めた値と 1 万分の 1 の精度で一致している．

図 ディシャイナーの測定値の Excel による処理

[4]　1512, 1120, 1000, 945

[5]　ヒント 1 の答：$1512 = 2^3 \times 3^3 \times 7$
$$1120 = 2^5 \times 5 \times 7$$
$$1000 = 2^3 \times 5^3$$
$$945 = 3^3 \times 5 \times 7$$

ここで，2^4 を 4^2 とみなした理由を考えよ．

ヒント 2 の答：図は省略するが，描いてみると，約 800 付近と求められる．

ヒント 3 の答：$2^3 \times 3 \times 5 \times 7 = 840$

ヒント 4 の答：$\dfrac{1512}{840} = \dfrac{2^3 \times 3^3 \times 7}{2^3 \times 3 \times 5 \times 7} = \dfrac{3^2}{5} = \dfrac{9}{5}$

$\dfrac{1120}{840} = \dfrac{2^5 \times 5 \times 7}{2^3 \times 3 \times 5 \times 7} = \dfrac{2^2}{3} = \dfrac{4}{3}$

$\dfrac{1000}{840} = \dfrac{2^3 \times 5^3}{2^3 \times 3 \times 5 \times 7} = \dfrac{5^2}{21} = \dfrac{25}{21}$

$\dfrac{945}{840} = \dfrac{3^3 \times 5 \times 7}{2^3 \times 3 \times 5 \times 7} = \dfrac{3^2}{2^3} = \dfrac{9}{8}$

ヒント 5 の答：$\dfrac{9}{5}, \dfrac{16}{12}, \dfrac{25}{21}, \dfrac{36}{32}$　分子は $3^2, 4^2, 5^2, 6^2$ になっている．分母は分子 -2^2 になっている．

ヒント 6 の答：$840 \times \dfrac{434.00\,\text{nm}}{1000} = 364.56\,\text{nm}$

以上から，水素原子の可視部のスペクトル線は，次式

$$364.56\,\text{nm} \times \dfrac{m^2}{m^2 - 2^2} \quad (m = 3,\ 4,\ 5)$$

で表せることが導けた．

第 2 章

[1]　式 (2.1) より

$$N_\text{A} = \dfrac{F}{e} = \dfrac{96500\,\text{C}\cdot\text{mol}^{-1}}{1.592 \times 10^{-19}\,\text{C}} = 6.062 \times 10^{23}\,\text{mol}^{-1}$$

[2]　$M_\text{H} = 1.045 \times 10^{-8}\,\text{kg}\cdot\text{C}^{-1} \times 1.592 \times 10^{-19}\,\text{C} = 1.664 \times 10^{-27}\,\text{kg}$

[3]　$m = 0.54 \times 10^{-11}\,\text{kg}\cdot\text{C}^{-1} \times 1.592 \times 10^{-19}\,\text{C} = 9.0 \times 10^{-31}\,\text{kg}$

[4] 金原子1個の質量は

$$\frac{197}{1.008} \times (M_H + m) = 3.25 \times 10^{-25} \text{ kg}$$

1 m³ 当たりに含まれる金原子の個数は

$$\frac{1.93 \times 10^4 \text{ kg·m}^{-3}}{3.250 \times 10^{-25} \text{ kg}} = 5.94 \times 10^{28} \text{ m}^{-3}$$

金原子1個が占める体積は

$$\frac{1}{5.94 \times 10^{28} \text{ m}^{-3}} = 1.68 \times 10^{-29} \text{ m}^3$$

したがって，金原子の直径の概算値は

$$\sqrt[3]{1.68 \times 10^{-29} \text{ m}^3} = 2.56 \times 10^{-10} \text{ m} = 256 \text{ pm}$$

である（立方最密充填構造では，この約1.3倍になる）．

第 3 章

[1] α 粒子の速度を v，α 粒子と金の原子核の中心との距離を r とすると

$$E_\infty = \frac{k_0 \cdot 2e \cdot 79e}{r} + \frac{1}{2} mv^2$$

$r = r_{\min}$ のとき $v = 0$ であるから

$$r_{\min} = \frac{k_0 \cdot 158 e^2}{E_\infty}$$

$$= \frac{8.988 \times 10^9 \text{ N·m}^2\text{·C}^{-2} \times 158 \times (1.6 \times 10^{-19} \text{ C})^2}{1.6 \times 10^{-12} \text{ J}}$$

$$= \frac{8.988 \times 10^9 \times 158 \times 1.6 \times 10^{-38} \text{ N·m}^2}{1 \times 10^{-12} \text{ N·m}}$$

$$\fallingdotseq 2.3 \times 10^{-14} \text{ m} = 23 \text{ fm}$$

[2] $$E_{n_2} - E_{n_1} = \frac{2\pi^2 k_0^2 m e^4}{h^2} \left\{ -\frac{1}{n_2^2} - \left(-\frac{1}{n_1^2}\right) \right\}$$

$$= \frac{2\pi^2 k_0^2 m e^4}{h^2} \left(\frac{1}{n_1^2} - \frac{1}{n_2^2} \right) = h\nu = \frac{hc}{\lambda}$$

$$\therefore \quad \frac{1}{\lambda} = \frac{2\pi^2 k_0^2 m e^4}{h^3 c} \left(\frac{1}{n_1^2} - \frac{1}{n_2^2} \right)$$

一方，リュードベリの式 (1.2) は

$$\frac{1}{\lambda} = R_H \left(\frac{1}{n_1^2} - \frac{1}{n_2^2} \right)$$

演習問題解答 155

であるから，これら 2 つの式より

$$R_\mathrm{H} = \frac{2\pi^2 k_0{}^2 m e^4}{h^3 c}$$

$$= 2 \times \pi^2 \times (8.9875518 \times 10^9 \text{ N·m}^2\text{·C}^{-2})^2 \times 9.1093826 \times 10^{-31} \text{ kg}$$
$$\times (1.60217653 \times 10^{-19} \text{ C})^4$$
$$\div \{(6.6260693 \times 10^{-34} \text{ J·s})^3 \times 2.99792458 \times 10^8 \text{ m·s}^{-1}\}$$

$$= 1.09737316 \times 10^7 \text{ m}^{-1}$$

(1 J = 1 N·m = 1 kg·m²·s⁻², 1 J = 1 C·V の関係式を用いた)

[3] たとえば，Microsoft Excel を用い，D2 欄に＝AVERAGE (C2：C11)，D4 欄に＝STDEV (C2：C11)，と記入することにより，カタヨリ 0.003，バラツキ 0.021 と求められる．

20.00	20	0.00	Average	
21.99	22	0.01		0.003
22.96	23	0.04	Standard Deviation	
23.98	24	0.02		0.021
24.99	25	0.01		
25.99	26	0.01		
27.00	27	0.00		
28.04	28	-0.04		
29.01	29	-0.01		
30.01	30	-0.01		

第 4 章

[1] $x = 150$ V のとき

$$\lambda = \sqrt{\frac{1.50 \text{ nm}^2\text{·V}}{150 \text{ V}}} = \sqrt{\frac{1.00 \text{ nm}^2}{100}}$$

$$= 0.100 \text{ nm} = 100 \text{ pm}$$

$x = 15.0$ kV のとき

$$\lambda = \sqrt{\frac{1.50 \text{ nm}^2\text{·V}}{15.0 \times 10^3 \text{ V}}} = \sqrt{\frac{1.00 \text{ nm}^2}{1.00 \times 10^4}}$$

$$= 0.0100 \text{ nm} = 10.0 \text{ pm}$$

[2] 式 (4.10) に，$v = p/m$ と代入すると

$$T = \frac{p^2}{2m}$$

これを式 (4.9) と等しいとおけば

$$\frac{p^2}{2m} = ex$$

$$\therefore \ p = \sqrt{2mex}$$

ド・ブロイの式に上式を代入すると

$$\lambda = \frac{h}{\sqrt{2mex}}$$

[3] $\lambda = \dfrac{6.6261 \times 10^{-34} \, \text{J·s}}{\sqrt{2 \times 9.1095 \times 10^{-31} \, \text{kg} \cdot 1.6022 \times 10^{-19} \, \text{C} \cdot x}}$

$\displaystyle \quad \ \ \fallingdotseq \sqrt{\frac{1.50 \times 10^{-18} \, \text{J}^2 \text{·s}^2 \text{·V}}{x \cdot \text{kg·C·V}}}$

$\displaystyle \quad \ \ = \sqrt{\frac{1.50 \times 10^{-18} \, \text{J}^2 \text{·s}^2 \text{·V}}{x \cdot \text{kg·J}}}$

$\displaystyle \quad \ \ = \sqrt{\frac{1.50 \times 10^{-18} \, \text{J·kg·m}^2 \text{·s}^{-2} \text{·s}^2 \text{·V}}{x \cdot \text{kg·J}}}$

$\displaystyle \quad \ \ = \sqrt{\frac{1.50 \, \text{nm}^2 \text{·V}}{x}}$

(1 J = 1 N·m = 1 kg·m²·s⁻², 1 J = 1 C·V の関係式を用いた)

[4] $\lambda = \dfrac{h}{p} = \dfrac{h}{mc} = \dfrac{6.6261 \times 10^{-34} \, \text{J·s}}{9.1095 \times 10^{-31} \, \text{kg} \times 2.9979 \times 10^8 \, \text{m·s}^{-1}}$

$\quad \ \ = 2.4263 \times 10^{-12} \, \text{kg·m}^2 \text{·s}^{-2} \text{·s·kg}^{-1} \text{·m}^{-1} \text{·s}$

$\quad \ \ = 2.4263 \times 10^{-12} \, \text{m}$

$\quad \ \ = 2.4263 \, \text{pm}$

第 5 章

[1] (1) $\nu = \sqrt{\dfrac{400 \, \text{kg·m·s}^{-2}}{5.00 \times 10^{-3} \, \text{kg} \cdot (1/0.500) \, \text{m}^{-1}}} = \sqrt{\dfrac{400 \, \text{kg·m·s}^{-2}}{1.00 \times 10^{-2} \, \text{kg·m}^{-1}}}$

$\quad = \sqrt{4.00 \times 10^4 \, \text{m}^2 \text{·s}^{-2}} = 2.00 \times 10^2 \, \text{m·s}^{-1}$

$\quad \lambda_1 = 2 \times 1 \times L = 2 \times 1 \times 0.500 \, \text{m} = 1.00 \, \text{m}$

$\quad \therefore \ \nu_1 = \dfrac{v}{\lambda_1} = \dfrac{2.00 \times 10^2 \, \text{m·s}^{-1}}{1.00 \, \text{m}} = 200 \, \text{s}^{-1} = 200 \, \text{Hz}$

(2) $\lambda_1' = 2 \times 1 \times L' = 2 \times 1 \times \dfrac{0.500}{3}\,\text{m} = \dfrac{1.00}{3}\,\text{m}$

$\therefore\ \nu_1' = \dfrac{v}{\lambda_1'} = \dfrac{2.00 \times 10^2\,\text{m}\cdot\text{s}^{-1}}{(1.00/3)\,\text{m}} = 600\,\text{s}^{-1} = 600\,\text{Hz}$

[2] 式 (5.6) を $f(x, y)$ とおき，x で 2 回偏微分すると，

$$\dfrac{\partial f(x, y)}{\partial x} = \dfrac{2\pi\nu}{v} A \cos 2\pi\nu \left(\dfrac{x}{v} - t\right)$$

$$\dfrac{\partial^2 f(x, y)}{\partial x^2} = -\dfrac{4\pi^2\nu^2}{v^2} A \sin 2\pi\nu \left(\dfrac{x}{v} - t\right) \tag{5.17}$$

y を t で 2 回偏微分すると，

$$\dfrac{\partial f(x, t)}{\partial t} = 2\pi\nu A \cos 2\pi\nu \left(\dfrac{x}{v} - t\right)$$

$$\dfrac{\partial^2 f(x, t)}{\partial t^2} = -4\pi^2\nu^2 A \sin 2\pi\nu \left(\dfrac{x}{v} - t\right) \tag{5.18}$$

となり，式 (5.6) は式 (5.5) を満足している．

第 6 章

[1] 式 (6.12) の θ に π を代入すると
$\phi \exp(i\pi) = \phi(\cos \pi + i \sin \pi)$
$\qquad\qquad = \phi(-1 + i\cdot 0)$
$\qquad\qquad = -\phi$

ϕ と $\phi \exp(i\pi)$ は同等だから，上式により，ϕ と $-\phi$ は同等である．

[2] $\phi^2(x) = A^2 \sin^2 kx$
$\qquad\quad = \dfrac{A^2}{2}(1 - \cos 2kx)$

$\cos 2kx$ は，$\sin 2kx$ を $\dfrac{\pi}{2}$ だけ平行移動したものであるから，上式は正弦曲線と同じ形になる．

第 7 章

[1] 1，2，3，… 周期における元素数は，2，8，8，18，18，32，… であるから，一般式は
$N = 2\left[\dfrac{i}{2} + 1\right]^2$

となる．ただし，$[x]$はガウス記号で，実数xを超えない最大の整数を表す．規則性が得られる理由については本文（p.67）のほかに，表7.6や図7.6下段の波動関数の性質にもとづいた内核電子によるしゃへい効果のちがいを考える方法もある．

[2]
$$\chi_{200} = R_{20}(r)\,\Theta_{00}(\theta)\,\Phi_0(\varphi)$$
$$= \frac{1}{2\sqrt{2}}(2-r)\exp\left(-\frac{r}{2}\right)\cdot\frac{\sqrt{2}}{2}\cdot\frac{1}{\sqrt{2\pi}}$$
$$= \frac{1}{4\sqrt{2\pi}}(2-r)\exp\left(-\frac{r}{2}\right)$$

[3]
$$\chi_{210} = R_{21}(r)\,\Theta_{10}(\theta)\,\Phi_0(\varphi)$$
$$= \frac{1}{2\sqrt{6}}r\exp\left(-\frac{r}{2}\right)\cdot\frac{\sqrt{6}}{2}\cos\theta\cdot\frac{1}{\sqrt{2\pi}}$$
$$= \frac{1}{4\sqrt{2\pi}}\exp\left(-\frac{r}{2}\right)r\cos\theta$$

$$\chi_{21\pm1} = R_{21}(r)\,\Theta_{1\pm1}(\theta)\,\Phi_{\pm1}(\varphi)$$
$$= \frac{1}{2\sqrt{6}}r\exp\left(-\frac{r}{2}\right)\cdot\frac{\sqrt{3}}{2}\sin\theta\cdot\frac{1}{\sqrt{2\pi}}\exp(\pm i\varphi)$$
$$= \frac{1}{8\sqrt{\pi}}\exp\left(-\frac{r}{2}\right)r\sin\theta\exp(\pm i\varphi)$$

[4] 図7.1の関係式より
$$\chi_{210} = \frac{1}{4\sqrt{2\pi}}\exp\left(-\frac{r}{2}\right)z$$

[5]
$$\chi_A = \frac{1}{\sqrt{2}}(\chi_{211}+\chi_{21-1}) = \frac{1}{8\sqrt{2\pi}}\exp\left(-\frac{r}{2}\right)r\sin\theta\{\exp(i\varphi)+\exp(-i\varphi)\}$$
$$= \frac{1}{8\sqrt{2\pi}}\exp\left(-\frac{r}{2}\right)r\sin\theta\{\cos\varphi+i\sin\varphi+\cos(-\varphi)+i\sin(-\varphi)\}^\dagger$$
$$= \frac{1}{8\sqrt{2\pi}}\exp\left(-\frac{r}{2}\right)r\sin\theta\cdot2\cos\varphi$$

---

† $\exp(i\varphi) = \cos\varphi + i\sin\varphi$

$$= \frac{1}{4\sqrt{2\pi}} \exp\left(-\frac{r}{2}\right) r \sin\theta \cos\varphi$$

同様にして

$$\chi_B = \frac{1}{i\sqrt{2}}(\chi_{211} - \chi_{21-1}) = \frac{1}{4\sqrt{2\pi}} \exp\left(-\frac{r}{2}\right) r \sin\theta \sin\varphi$$

[6] 図 7.1 の関係式より

$$\chi_A = \frac{1}{4\sqrt{2\pi}} \exp\left(-\frac{r}{2}\right) x$$

$$\chi_B = \frac{1}{4\sqrt{2\pi}} \exp\left(-\frac{r}{2}\right) y$$

問［4］,問［6］の数式は,z, x, y の部分だけが異なるから,互いに直交する同じ形の軌道（χ_{2p_z}, χ_{2p_x}, χ_{2p_y}）であることがわかる．

[7]

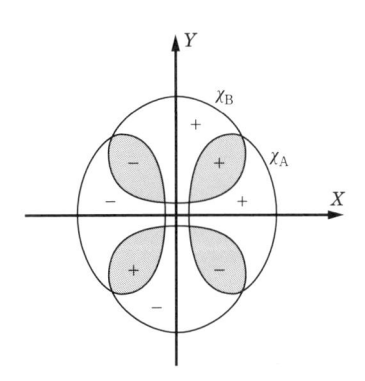

上図のように,重なり部分（$\chi_A \chi_B$）は,同じ面積の ＋ 部分と － 部分を持つから,その総和は 0 である．全空間についても同様の対称性があるから

$$\iiint^{全空間} \chi_A \chi_B \, dxdydz = 0 \tag{7.11}$$

となる．式 (7.11) の関係があることを,2 つの原子軌道 χ_A, χ_B は直交しているという．この関係は,1 つの原子についての任意の 2 つの原子軌道について,常に成立している．

[8],[9] たとえば,Mathematica では,以下の入力でグラフが描ける．電卓などでも可能．$4\pi r^2$ は球の表面積なので,$4\pi r^2 \chi_{1s}^2$ は,1 s 軌道の半径 r の球殻上の電子の存在確率を表す．その最大値は $r = 1\,\text{au}$,すなわちボーア半径（$a_0 = 53\,\text{pm}$）のところにある．

```
Plot[{e^-r/√π, e^-2r/π}, {r, 0, 6}, PlotRange→{0, 0.7},
 PlotStyle?{Dashing[{}], Dashing[{0.01}]}]
```

(a)

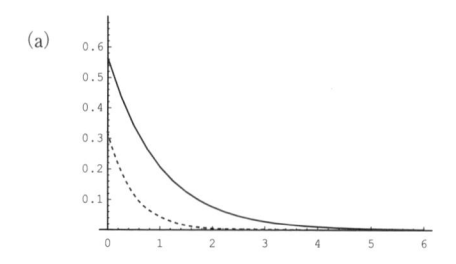

```
Plot[4 r^2 e^?2 r, {r, 0, 6}, PlotRange?{0, 0.7}]
```

(b)

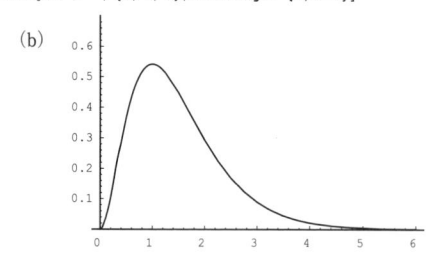

図 (a) 1s 軌道 χ_{1s} (実線) とその平方 χ_{1s}^2 (破線); (b) 半径 r の球殻上の電子の存在確率 $4\pi r^2 \chi_{1s}^2$

第 8 章

[1] 最終結果を本文中に記したので省略．

[2] 上から順に，269，362，455 および 548 nm．電子数 n および HOMO の番号 N の見積もり方を正しく記載すること．

第 9 章

計算過程は省略した．

[1] $\quad \varepsilon = \dfrac{c_1^2 H_{11} + 2\, c_1 c_2 H_{12} + c_2^2 H_{22}}{c_1^2 S_{11} + 2\, c_1 c_2 S_{12} + c_2^2 S_{22}}$ \hfill (9.24)

[2] $\quad c_1(H_{11} - \varepsilon S_{11}) + c_2(H_{12} - \varepsilon S_{12}) = 0$ \hfill (9.26)

[3] $\quad c_1(H_{12} - \varepsilon S_{12}) + c_2(H_{22} - \varepsilon S_{22}) = 0$ \hfill (9.27)

[4] $\begin{vmatrix} \alpha - \varepsilon & \beta \\ \beta & \alpha - \varepsilon \end{vmatrix} = 0$ (9.28)

[5] $(\alpha - \varepsilon)^2 - \beta^2 = 0$ ∴ $\varepsilon_1 = \alpha + \beta, \quad \varepsilon_2 = \alpha - \beta$

[6] $\varepsilon_1 = \alpha + \beta$ のとき，$c_1 = c_2, \phi_1 = 0.707\,\chi_1 + 0.707\,\chi_2$
$\varepsilon_2 = \alpha - \beta$ のとき，$c_1 = -c_2, \phi_2 = 0.707\,\chi_1 - 0.707\,\chi_2$

第 10 章

[1] たとえば Excel 等を用いて第 1 章の方法などで比較すると，y 切片が 0 に近く，傾きが 1 に近く，相関係数が 1 に近い順は，PPP-CI < PPP-CI (New-γ) < FEM となる．New-γ を使うことによって，PPP 法の計算値が改善されていることが理解される．FEM 法がより優れているように見えるのは，この系のための専用のパラメーター（r, p の値）を実測値にもとづく最小二乗法によって求めたためである．汎用性という観点では PPP 法が優れている．

第 11 章

[1] エタンの C−C 結合距離の実測値は 153.51 pm であるのに対し，エチレン，アセチレンでは 133.9，120.3 pm である．すなわち，単結合が最も長く，二重結合，三重結合となるに従って結合距離が短くなる．これは，sp^3 混成軌道同士の σ 結合よりも，sp^2 混成軌道同士の σ 結合の方が軌道の重なりが大きく，sp 混成軌道ではさらに助長される効果として説明されている（たとえば，C. A. Coulson, R. McWeeny 著（千原秀昭，阿竹 徹 訳）：『分子の形と構造』（東京化学同人，1985）などに詳しい）．本文中に述べたように，窒素分子の ϕ_1, ϕ_5 の方が酸素分子の ϕ_1, ϕ_3 よりも分子軌道の s 性が相対的に大きく，より sp 混成に近い．また，窒素分子は三重結合性なのに対して酸素分子は二重結合性である．以上の 2 つの観点から，N_2 の結合距離は O_2 の結合距離よりも短いことが合理的に説明できる（いわゆる共有結合半径は，O：73 pm，N：75 pm で，窒素原子の方が大きいことに注意）．

[2] O_2 の場合と同様の推論ができるため，S_2 も常磁性であることが予想される．計算結果もこれを支持している．

第 12 章

[1]

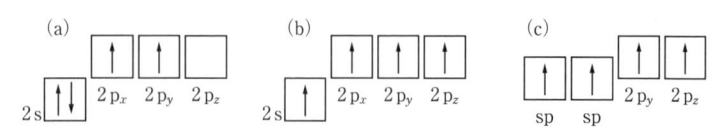

(a) 2s ↑↓ 2p$_x$ ↑ 2p$_y$ ↑ 2p$_z$ □

(b) 2s ↑ 2p$_x$ ↑ 2p$_y$ ↑ 2p$_z$ ↑

(c) sp ↑ sp ↑ 2p$_y$ ↑ 2p$_z$ ↑

(a)は基底電子配置，(b)は励起電子配置，(c)は原子価状態の原子軌道（化学結合を作り得る原子軌道）への電子配置を示している．

[2] 12.1節の脚注を参考にして，次式が求まる．

$$\chi_{sp}^1 = \frac{1}{\sqrt{2}}\chi_{2s} + \frac{1}{\sqrt{2}}\chi_{2p_x}$$

$$\chi_{sp}^2 = \frac{1}{\sqrt{2}}\chi_{2s} - \frac{1}{\sqrt{2}}\chi_{2p_x}$$

$$\int \{\chi_{sp}^1(\text{または }\chi_{sp}^2)\}^2 d\tau = \int \left\{\frac{1}{\sqrt{2}}\chi_{2s} \pm \frac{1}{\sqrt{2}}\chi_{2p_x}\right\}^2 d\tau$$

$$= \frac{1}{2}\int \chi_{2s}^2 \, d\tau \pm 2\times\frac{1}{2}\int \chi_{2s}\chi_{2p_x}\, d\tau + \frac{1}{2}\int \chi_{2p_x}^2 \, d\tau$$

上式のうち，第1項と第3項は原子軌道の規格化条件により $1/2 \times 1$ となる．第2項は原子軌道の直交条件により0である．よって，上式の値は1となり，混成原子軌道 χ_{sp}^1 または χ_{sp}^2 は，それぞれ規格化されている．

$$\int \chi_{sp}^1 \chi_{sp}^2 \, d\tau = \int \left(\frac{1}{\sqrt{2}}\chi_{2s} + \frac{1}{\sqrt{2}}\chi_{2p_x}\right)\left(\frac{1}{\sqrt{2}}\chi_{2s} - \frac{1}{\sqrt{2}}\chi_{2p_x}\right) d\tau$$

$$= \frac{1}{2}\int \chi_{2s}^2 \, d\tau - \frac{1}{2}\int \chi_{2p_x}^2 \, d\tau = 0$$

上式により χ_{sp}^1 と χ_{sp}^2 は直交している．

[3]

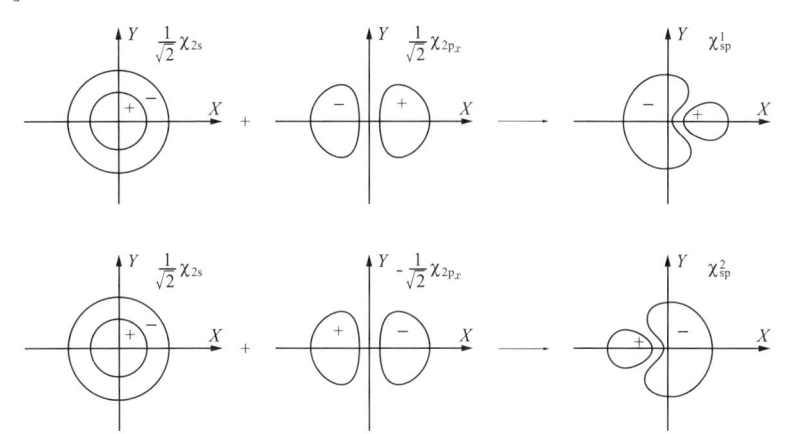

上図において，$-\dfrac{1}{\sqrt{2}}\chi_{2\mathrm{p}_x}$ は $\dfrac{1}{\sqrt{2}}\chi_{2\mathrm{p}_x}$ の図の符号を逆転させてから加算していることに注意．図から，2つの混成軌道の lobe（軌道胞）は，χ_{sp}^1 では原点から $-x$ の方向に向いており，χ_{sp}^2 では $+x$ の方向を向いている．すなわち，これら2つの混成軌道の方向は，互いに 180° の角をなす．

[4] σ結合は3個，π結合は2個ある．

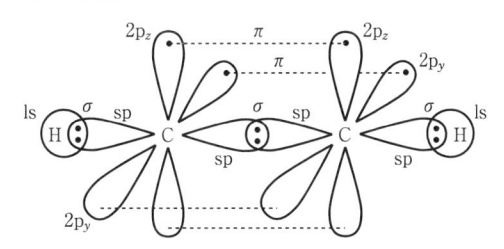

[5] (a) ϕ_4 が上図の $2\mathrm{p}_z$ 同士でできる π 結合，ϕ_5 が上図の $2\mathrm{p}_y$ 同士でできる π 結合に対応している．

(b) ϕ_1 が最も近い．3つの σ 結合のうち，sp 混成軌道同士の結合でできる σ 結合（C–C 結合）は，lobe の重なりが最も大きく安定である．したがって，エネルギーレベルが最も低い MO である ϕ_1 では，水素原子の $\chi_{1\mathrm{s}}^3$ と $\chi_{1\mathrm{s}}^4$ の係数も小さいながら結合性の寄与があり，C–H の σ 結合の性格も少し混入している．

(c) 2s 軌道 χ_{2s}^1 と χ_{2s}^2 は異符号なので反結合性，2p$_x$ 軌道 $\chi_{2p_x}^1$ と $\chi_{2p_x}^2$ は同符号なので反結合性である（図 11.2 参照）．結合性の重なりは，χ_{2s}^1（または $\chi_{2p_x}^1$）と χ_{1s}^3 および χ_{2s}^2（または $\chi_{2p_x}^2$）と χ_{1s}^4 の間にある．つまり ϕ_2 における C–C 間は反結合性，C–H 間は結合性ということになる．

第 13 章

[1] H について，$1 - 2 \times (0.32^2 + 0.82^2) = +0.33$
F について，同様にして -0.33 が得られる．

[2] イオン化ポテンシャルが小さいほどイオンになりやすいので，K > Na > Li の順となる．一方，イオン化傾向は Li > K > Na だから，両者は Li の位置が異なっている．イオン化ポテンシャルは気相で定義され，イオン化傾向は液体に対して定義された量である．液体中では，溶媒和などの影響が金属ごとに異なるため，気相での値とのちがいが生ずる．ちなみに，水のような極性の高い液体中では常温常圧でもイオンが存在しやすいが，気相では高温や低圧の状態で少量のイオンのみが存在し得る．

[3] LiF のとき，$1 - \exp\{-0.25 \times (4.0 - 1.0)^2\} = 0.894$ （89 %）
同様にして，BrF では，10 % となる（有効数字 3 桁以上で答えぬこと）．

[4] CN$^-$ は下式の共鳴式が描けるため，塩基として C$^-$ が反応するか N$^-$ が反応するかの 2 つの可能性がある．

$$|\overset{\ominus}{\text{C}} \equiv \text{N}| \longleftrightarrow |\text{C} = \underset{\ominus}{\text{N}}|$$

CN$^-$ の分子軌道 ϕ_5 における C の係数の重みは
$$0.45^2 + (-0.66)^2 = 0.64$$
であるが，このうち，上記の共鳴式に相当する分は，$\chi_{2p_x}^C$ 軌道の係数のみと考えると
$$(-0.66)^2 = 0.44$$
である．一方，N の係数の重みは
$$0.57^2 = 0.32$$
であり，C の方が大きいので，NC$^-$ として，C$^-$ がヨウ化エチルの酸性の部分（δ^+ の部分）と反応すると予想される．

C^{2}H$_3$C^{1}H$_2$I の分子軌道 ϕ_{11} の係数について同様に計算すると，C^1 の炭素の

係数が最も大きい．したがって，考えられる反応式は

$$H_3C-CH_2\overset{\delta^+}{-}\overset{\delta^-}{\underline{|I|}} + |\overset{\ominus}{C}\equiv N| \longrightarrow H_3C-CH_2-C\equiv N| + |\overline{\underline{I}}|^{\ominus}$$

であり，プロピオニトリルが生成すると予想される．この反応は，実際に好収率で起こることが知られている．有機反応の分類上は，S_N2（2分子的求核置換反応）である．

第 14 章

[1]

(1) 逆反応で考えるとよい．*trans, trans*-2,4-ヘキサジエン(**14**)の π 系の HOMO の符号は（＋ ＋ － －）である．したがって，その閉環は同旋的に起こり得るのでジメチルはトランスの **13** になる．**13** → **14** は $2\pi+2\sigma$ 系の一種の2成分系の反応と考え，LUMO−HOMO で考える．同旋で係数符号は（＋ ＋ － －）と **14** の HOMO と同一になり，いずれのメチルもトランスになり **14** となる．

(2) 光反応は光吸収により電子励起が起こるので，LUMO が主な軌道となり得る．**14** のそれは（＋ － － ＋）であるので閉環は逆旋で起こり *cis*-ジメチル体を与える．

(3) *trans, trans*-2,4-ヘキサジエン(**14**)のメチルは電子供与性であるので，HOMO のレベルを高くする．すなわち IP を小さくすると推定される．キーワード (EF PM 5) で計算すると，1,3-ブタジエンの $IP=9.33$ eV に対し，**14** は 8.69 eV と算出される．

[2] (a) (5 *S*, 6 *R*)-5,6-ジメチル-1,3-シクロヘキサジエンまたは，(5 *R*, 6 *S*)-5,6-ジメチル-1,3-シクロヘキサジエン

(b) (5 *S*, 6 *S*)-5,6-ジメチル-1,3-シクロヘキサジエン

(5 *R*, 6 *R*)-5,6-ジメチル-1,3-シクロヘキサジエン

[3]

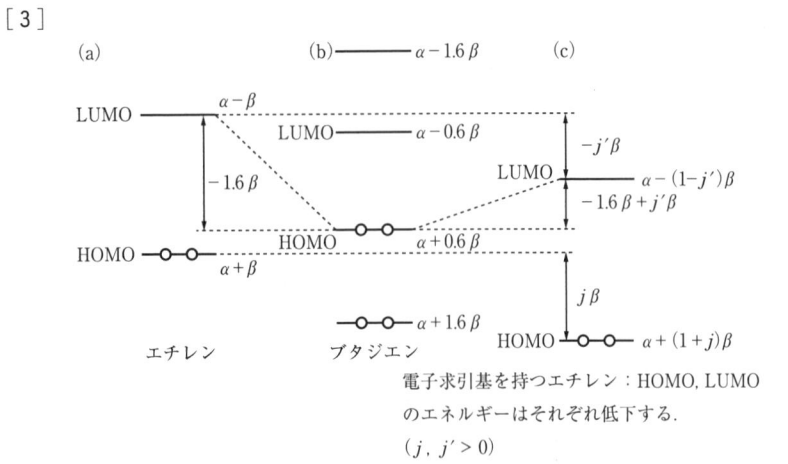

(a) エチレン: LUMO $\alpha-\beta$, HOMO $\alpha+\beta$
(b) ブタジエン: $\alpha-1.6\beta$, LUMO $\alpha-0.6\beta$, HOMO $\alpha+0.6\beta$, $\alpha+1.6\beta$
(c) 電子求引基を持つエチレン: LUMO $\alpha-(1-j')\beta$ ($-1.6\beta+j'\beta$), HOMO $\alpha+(1+j)\beta$
($-j'\beta$, $j\beta$ のエネルギー低下)

電子求引基を持つエチレン: HOMO, LUMO のエネルギーはそれぞれ低下する. ($j, j' > 0$)

ブタジエン（図 (b)）の HOMO とエチレン類の LUMO のエネルギー差は，エチレンが電子求引基を持たないとき（図 (a)）は 1.6β であるが，電子求引基を持つと図 (c) のように $(1.6-j')\beta$ となり，その差が $-j'\beta$ だけ小さくなる（β は負の量である）．したがって，ジエノフィルが電子求引基を持つと反応が進行しやすくなる．

[4] エンド付加反応では，下図 (a) のようにコの字型の遷移状態 (TS) を経るため，8個の軌道胞が同位相で重なって軌道相互作用が大きくなり，遷移状態が安定化するためである（エキソ付加では図 (b) のように階段状の遷移状態となるので，4個の軌道胞の同位相の重なりだけが考えられる）．

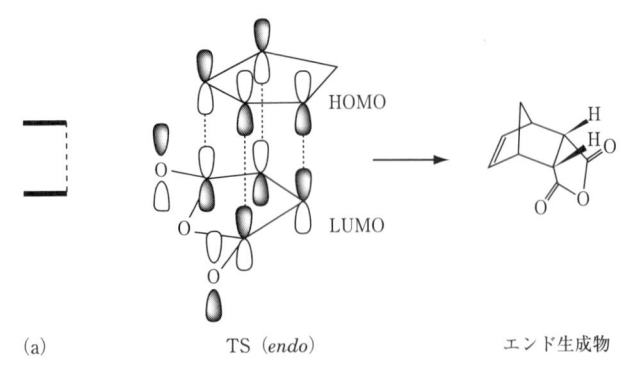

(a) TS (*endo*) → エンド生成物

(b)　　　　　　　　TS (*exo*)　　　　　　　エキソ生成物

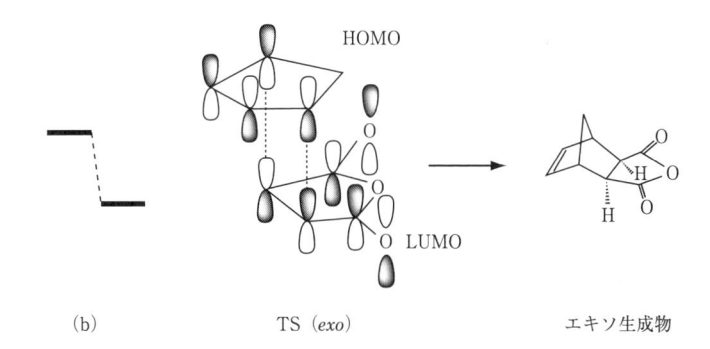

索　　引

ア

R, S 命名法　149
Eigenvalue　117
Eigenvector　116
アインシュタイン　43, 65
アセチレン　118
ab initio　80
アボガドロ　19, 65, 103
アルカリ金属　127
アルダー　136
α 線　31
α, p, β 吸収帯　101
アントラキノン　102

イ

イオン化エネルギー　127
イオン化傾向　131
イオン化ポテンシャル　127
イオン結合　128
位相　42, 124
一重項励起エネルギー　100
一重項電子配置　104
1電子波動関数　59
陰極線　21
陰極線粒子　21
インストール　112

ウ

ウィルソン, H. A.　26

ウィルソン, C. T. R.　26
ウッドワード　132
ウッドワード・ホフマン則　81, 132
運動エネルギー　79

エ

永年行列式　90
永年方程式　90
AM 1　104
エキソ体　136, 147
SCF 法　99
sp^3 混成　117
エチレン　117, 138
エテン　117
エネルギー量子　43
エンド体　137, 145

オ

オキソノール　86
オクテット　110
オクテット則　111
オングストレーム　7

カ

ガイガー　31
回帰直線　11
ガイスラー　21
回折　40
回折環　45
GAUSSIAN　80
ガウス　15
角部分　70

確率　47, 60, 62
重なり積分　89
重なり無視の近似　91
硬い塩基　130
硬い酸　130
傾き　13
カタヨリ　27
活性化エネルギー　144, 147
カニッツァロ　20
干渉　40
干渉（軌道の）　78
干渉縞　41, 62
環状電子転位　133
環状電子反応　133
　——の一般則　133

キ

規格化　61, 72
希ガス　31
基準振動　142
輝線スペクトル　6
気体電子線回折　45
軌道　60
　——の干渉　78
軌道相互作用　122
逆旋　133
球面調和関数　70
キュリー　27
協奏的　144
協奏的付加環化　133, 135
　——の一般則　135
共鳴積分　89, 93

索　引

共有結合　110, 128
極限反応座標　142
極座標系　64

ク

クープマンスの定理　128
クーロン積分　89, 92
雲（電子の）　62
クルックス　21

ケ

ゲイ・リュサック　65
蛍光 X 線　37
ケクレ　19
結合角　115, 139
結合交替　84
結合次数　95
結合性分子軌道　78, 106, 124
結合電子対　110
原子核　33
原子価結合法　103
原子価電子　110
原子価電子対反発法　111
原子軌道　60, 122
　——の形　72
　——の数式　67
原子スペクトル　6
原子単位　70
原子電荷　131
原子番号　37

コ

光子　43
構造最適化　115, 140
光電効果　43
光量子　43
誤差　16, 25
古典量子論　37
固有値　117
固有ベクトル　116
孤立電子対　110
ゴルトシュタイン　21
混成軌道　111

サ

最高被占分子軌道　83, 128
最小二乗法　15
最低空分子軌道　83, 128
作用量子　43
三重項電子配置　104
三重項励起エネルギー　100
酸素分子　104, 119
散布図　9

シ

シアニン　86, 102
CI を考慮した方法　101
ジエノフィル　136
ジエン　136
磁気量子数　65
σ 結合　81, 106
シクロペンタジエン　144
自己無撞着場法　99
質量と電荷の比　21
周期表　20, 128
周期律　30, 67
自由電子模型　81
縮重　67, 99, 106
縮退　67
主量子数　65

シュレーディンガー　58, 65, 103
　——の波動方程式　47, 57, 58, 79
常磁性　103
真空放電　21
真空誘電率　36
進行波　51

ス

水素様原子　66
数秘学　16
スチュワート　104
ストーニー　20
スペクトル　31
スペクトル線　6, 76

セ

精度　16, 25, 27
切片　13
節　51
節面　74
遷移エネルギー　83, 100, 101
遷移状態　142
前期量子論　37
線形結合　88
全波動関数　59, 79

ソ

相関係数　12
双極子モーメント　126
速度論支配　137
ソディ　31
SOMO　106

タ

太陽スペクトル　31

索引

タウンゼント 26

チ

窒素分子 107,119
中性ポリエン 84
直交 159,162

テ

ディールス 136
ディールス・アルダー反応 136
定常状態 35,58
定常波 48,50
　　円形膜に起こる—— 53
　　弦に起こる—— 50
デカルト（直交）座標 64
デュワー 104
電荷 29
　　電子の—— 26
電気陰性度 128,129
電子 20
　　——の雲 62
　　——の発見 21,23
電子供与体 130
電子受容体 130
電子親和力 128
電磁波 43
電子配置 105
　　一重項—— 104
　　元素の—— 67
　　三重項—— 104
電子密度 60,95,126
点電子式 110

ト

ド・ブロイ 44,65

動径部分 70
同旋 133
等値曲面 72
特性 X 線 37
外村 彰 62
トムソン, G.P. 45
トムソン, J.J. 21, 65,111
ドルトン 19,65

ナ

長岡半太郎 30
ナフタレン 132

ニ

西本吉助 102
西本-又賀の式 102
二中心電子反発積分 101
2面角 115,139
New-γ 法 102
ニュートン 40

ネ

ねじれ角 115
熱力学支配 137

ハ

パーキン 2
HSAB 理論 130
virtual（虚の）軌道 101
π 結合 81,106
ハイゼンベルク 45
配置間相互作用を考慮した方法 101
ハイトラー 103
パッシェン系列 18

波動関数 59
波動説 40
波動方程式 47,57,58, 79
　　——の一般形 51
　　シュレーディンガーの—— 47,57,58, 79
波動力学 59
波動論（物質の） 44
ハミルトニアン 59, 88,98
　　1電子有効—— 88
腹 51
パリザー 99
パル 99
バルマー 65,103
　　——系列 18
　　——の式 6
範囲 25
反結合性分子軌道 78, 106,124
半占分子軌道 106

ヒ

ピアソン 130
PM3 104
PM5 80,103,104,124
PPP 80,99,100
比電荷 27
ヒュッケル分子軌道法 88
標準偏差 24,26
微粒子 23

フ

ファラデー 20
ファン・デア・ブレック

索　引

37
ファント・ホフ　111
VSEPR法　112
VB法　103
フォックの行列要素
　98
不確定性原理　45
複素共役　61
節　51
ブタジエン　82, 91, 93,
　133, 137
フッ化水素　124
物質波　57
不偏分散　26
　──の平方根　26
ブラケット系列　37
プランク　35, 43
プランク定数　43
プリュッカー　21
フレネル　40
フロンティア軌道　132
分散　26
分子　19
分子軌道　60, 82, 122,
　126
　──の対称性　133
分子軌道エネルギー
　82
分子軌道法　79
分子図　95
分子の形　110
フントの規則　106
プント系列　37

ヘ

平均値　25
ベクレル　27
ベッセル関数　53
ペリ環状反応　132
ヘルツ　21
偏差二乗和　25
ベンゼン　99
変分法　89

ホ

ホイヘンス　40
方位量子数　65
ボーア　35, 65, 103
ボーア半径　36
ポープル　99
ポーリング　128
ポテンシャル　79, 81,
　101
　1次元箱型（井戸型）
　　──　81
　引力──　79
　斥力──　79, 102
ホフマン　132
HOMO　83, 106, 128,
　133, 135
ポリエニル陽イオン
　84
ボルン　60

マ

マイヤー　29
マクスウェル　43
マリケン　129

ミ

密度分布　60
ミリカン　27

ム

無水マレイン酸　144

メ

メタン　112
メンデレーエフ　20, 65

モ

モーズリー　37, 65
MOPAC　104, 112

ヤ

軟らかい塩基　130
軟らかい酸　130
ヤング　40

ユ

油滴法　27

ヨ

陽球模型　30

ラ

ライマン系列　18
ラザフォード　31, 65
　──の実験　31
ラムゼー　31

リ

離散性　19
　エネルギーの──
　　35
　電荷の──　19, 20
　物質の──　19
立体選択性　144, 147
リッツ　18
粒子説　40
リュードベリ　17, 37
量子化　35, 50
量子仮説　43

量子数　36, 65, 82
量子力学　47, 59

ル

ル・ベル　111
ルイス　110
ルイス塩基　130
ルイス酸　130
ルイス式　110
LUMO　83, 106, 128, 133, 135

レ

励起エネルギー　100
一重項——　100
三重項——　100
レナード　43

ロ

ロイズ　31
ロンドン　103

＜配布プログラムおよびコンピューター可読データ一覧＞

下記のプログラム・パッケージ（CD-ROM）を次頁の用紙そのもの（コピー不可）に記入されて申し込まれた方に配布します（2007年2月までは無料．その後もソフトウェアは無料ですが，配布手数料2000円程度がかかります）．

第1～2章のExcelファイル：データ入力例を添付（Excelは各自で準備してください）．

第3～6章のコンピューター・シミュレーション：ラザフォードの実験，光の二重性，電子の二重性，電子線解析のシミュレーション．

第5章のMathematicaファイル：入力コマンドと出力例（Mathematicaは各自で準備してください．無い場合は結果の読み出しのみ可能）．

第7章の原子軌道表示ソフトウェア：1s～5g原子軌道の等値曲面を描画し，回転できます．ディスク空き容量が約70 MB必要です．

第8～9章のHMO法ならびにPPP法ソフトウェア：120°の結合角と一定の結合距離を持つ平面分子または，任意の結合角と結合距離を与えて作成したπ系骨格についての分子軌道法計算プログラム．

第11～14章のMOPAC：AM1およびPM5法分子軌道計算が重原子12個（水素を含まない）まで可能な入力・計算ならびに表示ソフトウェア（マニュアルは付属しておりません）．

動作環境
　オペレーティングシステム（OS）：Windows 2000またはXP
　メモリ：256 MB以上推奨
　ハードディスク（HD）：30 GB以上推奨
　ディスプレイ：1024×768以上推奨
　CD-ROM：4倍速以上推奨
　組み込みソフトウェア：Wordなどのワープロソフトウェア，Excelおよび
　　　　　　　　　　　Explorer

申込先：〒330-0065　さいたま市浦和区神明1-7-9　時田澄男

プログラム申込書ならびに承諾書

(承諾される場合は□内にチェックをしてください)

- □ 体験や評価の目的のみで使用します．MOPACを研究用に用いるときは別途に市販品を購入します．
- □ 複数台のコンピューターにインストールする場合は，使用者の連絡先と氏名を示したリストを提出します．
- □ ソフトウェアの改造，逆コンパイルや逆アセンブルは行いません．
- □ ソフトウェアに関するアンケートがある場合にはそれにお答えします．
- □ ソフトウェアの改良点が見出された場合には連絡します．
- □ ソフトウェアの使用または使用不能からいかなる損害が生じても，それに関して配布者には一切の責任を問いません．

以上の項目を了承し，表示のプログラムの送付を申し込みます．

自宅住所 _____

氏名 _____ 印   電話 _____

勤務先住所 _____

勤務先と所属 _____
(学生の場合は大学名など)

勤務先電話 _____ e-mail _____

(この情報は，プログラムに関する種々のご案内や科学研究費報告書に使う以外には使用しません．ただし，MOPACの改訂版などのご案内に使うために，富士通株式会社にも連絡します．)

送付先： 自宅□ 勤務先□ （どちらかにチェックをお付けください）

化学の指針シリーズ

化学環境学	御園生　誠 著	定価 2625 円
生物有機化学 —ケミカルバイオロジーへの展開—	宍戸・大槻 共著	定価 2415 円
有機反応機構	加納・西郷 共著	定価 2730 円
有機工業化学	井上祥平 著	定価 2625 円
分子構造解析	山口健太郎 著	定価 2310 円
錯 体 化 学	佐々木・柘植 共著	定価 2835 円
量 子 化 学 —分子軌道法の理解のために—	中嶋隆人 著	定価 2625 円
化学プロセス工学	小野木・田川・小林・二井 共著	定価 2520 円

書名	著者	定価
Catch Up 大学の化学講義 —高校化学とのかけはし—	杉森・富田 共著	定価 1890 円
一般化学（三訂版）	長島・富田 共著	定価 2415 円
物質の機能からみた 化学入門	杉森　彰 著	定価 2520 円
物質の機能を使いこなす —物性化学入門—	杉森　彰 著	定価 2835 円
基礎無機化学（改訂版）	一國雅巳 著	定価 2415 円
無機化学（改訂版）	木田茂夫 著	定価 2730 円
有機化学（三訂版）	小林啓二 著	定価 2625 円
分析化学の基礎	木村・中島 共著	定価 3045 円
分析化学（改訂版）	黒田・杉谷・渋川 共著	定価 3990 円
基礎化学選書2 分析化学（改訂版）	長島・富田 共著	定価 3675 円
基礎化学選書7 機器分析（三訂版）	田中・飯田 共著	定価 3465 円
量子化学（上巻）	原田義也 著	定価 5250 円
量子化学（下巻）	原田義也 著	定価 5460 円
ステップアップ 大学の総合化学	齋藤勝裕 著	定価 2310 円
ステップアップ 大学の物理化学	齋藤・林 共著	定価 2520 円
ステップアップ 大学の分析化学	齋藤・藤原 共著	定価 2520 円
ステップアップ 大学の無機化学	齋藤・長尾 共著	定価 2520 円
ステップアップ 大学の有機化学	齋藤勝裕 著	定価 2520 円

裳華房ホームページ　http://www.shokabo.co.jp/　2010年9月現在

著者略歴

<ruby>時<rt>とき</rt></ruby><ruby>田<rt>た</rt></ruby> <ruby>澄<rt>すみ</rt></ruby><ruby>男<rt>お</rt></ruby>
1942 年　群馬県に生まれる
1965 年　横浜国立大学工学部応用化学科卒業
1970 年　東京大学大学院工学系研究科博士課程修了
同　年　埼玉大学理工学部応用化学科助手
1971 年　同講師
1972 年　同助教授
1976 年　同工学部応用化学科助教授
1992 年　同教授
2007 年　埼玉大学名誉教授

<ruby>染<rt>そめ</rt></ruby><ruby>川<rt>かわ</rt></ruby> <ruby>賢<rt>けん</rt></ruby><ruby>一<rt>いち</rt></ruby>
1941 年　鹿児島県に生まれる
1964 年　鹿児島大学工学部応用化学科卒業
1966 年　東京大学大学院工学系研究科修士課程修了
同　年　鹿児島大学工学部応用化学科助手
1970 年　同助教授
1984 年　同教授
1991 年　同工学部応用化学工学科教授
2007 年　同停年退職・名誉教授

化学新シリーズ　パソコンで考える 量子化学の基礎

2005 年 9 月 25 日　第 1 版発行
2006 年 8 月 10 日　第 2 版発行
2010 年 9 月 30 日　第 2 版 2 刷発行

検印省略

定価はカバーに表示してあります。

増刷表示について
2009 年 4 月より「増刷」表示を「版」から「刷」に変更いたしました。詳しい表示基準は弊社ホームページ
http://www.shokabo.co.jp/
をご覧ください。

著作者　時　田　澄　男
　　　　染　川　賢　一
発行者　吉　野　和　浩
発行所　東京都千代田区四番町 8 番地
　　　　電話　東京 3262-9166　(代)
　　　　郵便番号　102-0081
　　　　株式会社　裳　華　房
印刷所　株式会社　真　興　社
製本所　株式会社　青木製本所

社団法人 自然科学書協会会員

JCOPY〈(社)出版者著作権管理機構 委託出版物〉
本書の無断複写は著作権法上での例外を除き禁じられています．複写される場合は，そのつど事前に，(社)出版者著作権管理機構(電話03-3513-6969, FAX03-3513-6979, e-mail: info@jcopy.or.jp)の許諾を得てください．

ISBN 978-4-7853-3215-0

© 時田澄男, 染川賢一, 2005　Printed in Japan

定 数 表　（熱の仕事当量以外はCODATAによる最新(2002年)の値）

量	記号	
熱の仕事当量		$4.1855 \, \text{J} \cdot \text{cal}^{-1}$ (calは非SI単位)
真空誘電率	ε_0	$8.854187817 \times 10^{-12} \, \text{F} \cdot \text{m}^{-1}$
光速度(真空中)	c	$2.99792458 \times 10^8 \, \text{m} \cdot \text{s}^{-1}$
プランクの定数	h	$6.6260693(11) \times 10^{-34} \, \text{J} \cdot \text{s} = 4.13566743(35) \times 10^{-15} \, \text{eV} \cdot \text{s}$
アボガドロ数	N_A	$6.0221415(10) \times 10^{23} \, \text{mol}^{-1}$
1 eV のエネルギー		$1.60217653(14) \times 10^{-19} \, \text{J}$
1 eV (1モル当たり)		$9.64853377 \times 10^4 \, \text{J} \cdot \text{mol}^{-1}$
リュードベリ定数	R_H	$10973731.568525(73) \, \text{m}^{-1}$
ファラデー定数	F	$96485.3383(83) \, \text{C} \cdot \text{mol}^{-1}$
電子の電荷質量比	$-e/m$	$-1.75882012(15) \times 10^{11} \, \text{C} \cdot \text{kg}^{-1}$
気体定数	R	$8.314472(15) \, \text{J} \cdot \text{mol}^{-1} \cdot \text{K}^{-1}$
陽子の質量	M_H	$1.67262171(29) \times 10^{-27} \, \text{kg}$

原子単位とSI単位の対応表

量と次元	原子単位(au)	SI単位
長さ(L)	a_0(ボーア半径)	$5.291772108(18) \times 10^{-11} \, \text{m}$
質量(M)	m(電子の質量)	$9.1093826(16) \times 10^{-31} \, \text{kg}$
電荷(Q)	e(陽子の電荷)	$1.60217653(14) \times 10^{-19} \, \text{C}$
エネルギー($W = ML^2T^{-2}$)	E_h(ハートリー，e^2/a_0)	$4.35974417(75) \times 10^{-18} \, \text{J}$
作用(WT)	$\hbar \, (h/2\pi)$	$1.05457168 \times 10^{-34} \, \text{J} \cdot \text{s}$
時間(T)	$\hbar/E_h$	$2.418884326505 \times 10^{-17} \, \text{s}$

ギリシャ文字

A	α	alpha	N	ν		nu(ニュー)
B	β	beta	Ξ	ξ		xi
Γ	γ	gamma	O	o		omicron
Δ	δ	delta	Π	π		pi
E	ε	epsilon	P	ρ		rho
Z	ζ	zeta	Σ	σ	ς	sigma
H	η	eta	T	τ		tau
Θ	θ	theta	Υ	υ		upsilon
I	ι	iota	Φ	ϕ	φ	phi(ファイ)
K	κ	kappa	X	χ		chi(カイ)
Λ	λ	lambda	Ψ	ψ		psi(プサイ)
M	μ	mu	Ω	ω		omega